中华穿山甲和马来穿山甲
解剖学与组织学图谱

华 彦
剡海阔　主编
安富宇

图书在版编目（CIP）数据

中华穿山甲和马来穿山甲解剖学与组织学图谱 / 华彦, 刹海阔, 安富宇主编. -- 北京 : 中国林业出版社, 2024.5
　ISBN 978-7-5219-2656-9

Ⅰ.①中… Ⅱ.①华… ②刹… ③安… Ⅲ.①穿山甲－病理解剖学－图谱 Ⅳ.①Q959.835.04-64

中国国家版本馆CIP数据核字(2024)第062912号

策划编辑：张衍辉
责任编辑：张衍辉　葛宝庆
封面设计：北京鑫恒艺文化传播有限公司

出版发行：中国林业出版社
　　　　　（100009，北京市西城区刘海胡同7号，电话010-83143521）
电子邮箱：cfphzbs@163.com
网　址：https://www.cfph.net
印　刷：北京博海升彩色印刷有限公司
版　次：2024年5月第1版
印　次：2024年5月第1次
开　本：787mm×1092mm　1/16
印　张：9.75
字　数：200千字
定　价：98.00元

编委会

主　　编： 华　彦　剡海阔　安富宇

编　　委：（按姓氏笔画顺序排列）

　　　　　　王　凯　王佳怡　王祥和　叶峻宁　邝英杰　华　彦
　　　　　　刘心雨　刘莎莎　安富宇　许学林　李永政　李　珺
　　　　　　吴文斌　邹洁建　张立娜　张治东　陈子侨　赵　停
　　　　　　侯方晖　贺慧冰　郭　策　剡海阔　黄万和　梁晓彤
　　　　　　廖书佳　燕洪美

图像采集与摄影： 张奕航　高瑞麒

章节编写人员：

　　绪　论　华　彦

　　第一章　外貌特征
　　华　彦　郭　策　李　珺　张治东　廖书佳

　　第二章　运动系统
　　剡海阔　陈子侨　邝英杰　侯方晖　邹洁建

　　第三章　消化系统
　　安富宇　王佳怡　贺慧冰　燕洪美　黄万和

　　第四章　呼吸系统
　　张立娜　刘莎莎　梁晓彤　吴文斌

　　第五章　泌尿系统
　　华　彦　王祥和　赵　停　叶峻宁

　　第六章　生殖系统
　　王　凯　刘心雨　李永政　许学林

参编单位：

广东省林业科学研究院

华南农业大学

广东省野生动物监测救护中心

国家林业和草原局穿山甲保护研究中心

广东生态工程职业学院

由于近年来人为干扰和栖息地丧失等原因，全球穿山甲种群数量急剧下降，全球八种穿山甲均濒临灭绝。随着各国政府和保护组织对穿山甲救护工作的重视，大量的穿山甲救护工作正在展开。然而，由于我们对穿山甲组织结构和生理解剖还不了解，导致很多救护工作难以展开，急需一本有关穿山甲解剖学和组织学图谱作为工作参考。因此，我们基于穿山甲救护工作的经验及对部分非法贸易导致死亡的穿山甲个体进行解剖，编写了《中华穿山甲和马来穿山甲解剖学与组织学图谱》一书。本书收录了中华穿山甲和马来穿山甲六大系统的共六章约300幅图片，突出展示了两种穿山甲的外貌特征、运动系统、消化系统、呼吸系统、泌尿系统及生殖系统等独特的解剖学与组织学特点，可为从事穿山甲物种救护和科研工作者提供一定的理论和实践指导。

本书收录丰富的图片，并予以精简的语言介绍穿山甲的组织结构。本书具有形态学书籍直观、生动、形象等优点。我们通过结合临床实践使读者意识到本书在科研和救护工作中的作用和价值。本书重点强调中华穿山甲和马来穿山甲机体各系统之间的紧密联系，

前言

同时也着重表现内脏器官重要的形态和功能,能帮助读者综合地了解两种穿山甲形态学的知识。本书是一本较全面地展示穿山甲各系统的解剖形态及组织结构的彩色图谱,适用于科研、生产及救护等多种用途。

尽管我们付出了最大的努力,但对穿山甲解剖学与组织学特征的研究还不够系统,研究样本的采集和特征描述与注释还不完整,很多重要的系统(神经系统、循环系统、内分泌系统等)还未囊括,我们会在后续的研究中不断补充与完善。

鉴于水平和时间有限,疏漏之处在所难免,欢迎专家学者及广大读者给予宝贵意见,以期在以后的工作中不断改进。

编者
2023年12月

前言

绪论

第一章
外貌特征

一、形态特征 / 4
二、鳞片 / 14
三、皮肤与毛发 / 16

第二章
运动系统

一、头骨 / 24
二、躯干骨 / 30
三、四肢骨 / 58

第三章
消化系统

一、消化管 / 82
二、消化腺 / 102

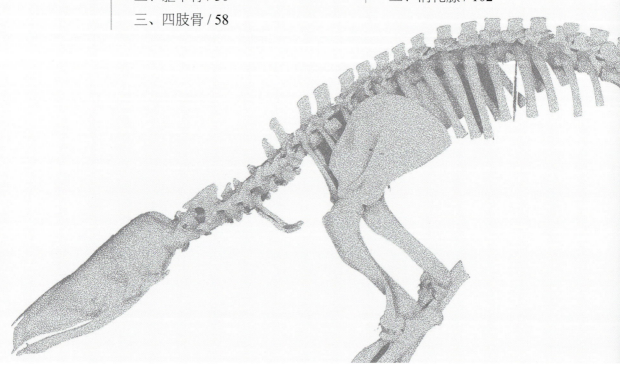

第四章
呼吸系统
一、呼吸道 / 112
二、肺 / 113

第五章
泌尿系统
一、肾脏 / 122
二、输尿管 / 126
三、膀胱 / 127
四、尿道 / 127

第六章
生殖系统
一、雄性生殖系统 / 129
二、雌性生殖系统 / 135

参考文献

目录

绪 论

穿山甲（*Manis* spp.）隶属于哺乳纲（Mammalia）鳞甲目（Pholidota）鲮鲤科（Manidae）鲮鲤属（*Manis*），是自然界中高度特化的哺乳动物。由于人为干扰、栖息地丧失等因素的影响，穿山甲野外种群规模急剧下降，在很多历史分布区已经绝迹，生存受到严重威胁。2017年，全部穿山甲物种被《濒危野生动植物种国际贸易公约》（CITES）列为附录I物种，禁止国际贸易；2021年被列为国家一级保护野生动物。2020年6月18日，"国家林业和草原局穿山甲保护研究中心"落户广东，初步在部分分布区开展了穿山甲调查、监测、救护以及人工繁育等保护研究工作。

穿山甲最引人注目的特征是覆盖在表皮上的鳞片构成的外部"盔甲"，是自然界唯一被覆鳞甲的哺乳动物。它具有高度特化的食性，主要以蚂蚁和白蚁为食。同时，具有与食性相适应的独特解剖学特征——无齿、咀嚼肌弱化、锋利的爪、前肢屈肌强壮、厚实的皮肤、耳郭小以及瓣状的鼻孔等。穿山甲独特的结构特征吸引了人们对其资源的过度开发利用（如鳞片、爪、肉等），导致其种群数量急剧下降，甚至一些原生分布种在当地宣布消失。随着野外种群的减少，迫切需要开展迁地保护来保护穿山甲种群。尽管前人开展了部分穿山甲生物学的相关研究，但对其生活习性、生理结构、行为特征的认识仍然不足。系统研究穿山甲解剖学和组织形态学，对了解穿山甲的生理特征、行为习性、繁殖特点均具有重要意义。

目前，穿山甲解剖形态学研究仅限于几种穿山甲部分身体结构的解剖学研究，例如印度穿山甲的形态测量（Perera P et al., 2020）、南非穿山甲的四肢骨（Steyn C et al., 2018）、中华穿山甲和马来穿山甲的消化道（Lin M F et al., 2015）、中华穿山甲的肩带肌（Kawashima T et al., 2015）、树穿山甲的脑（Imam A et al., 2015）、大穿山甲的舌（Doran G A et al., 2009）、马来穿山甲的生殖器官（Akmal Y et al., 2014）等。马来穿山甲与中华穿山甲开展的相关研究相对较多，主要集中在消化系统（Nisa' C et al., 2010; Ln M F et al., 2015; Min Y et al., 2020）、生殖系统（Zhang F et al., 2015）、泌尿系统（Pongchairerk U et al., 2008; Chong S M et al., 2021）、运动系统（Kawashima T et al., 2015; Steyn C et al., 2018）、呼吸系统（欧阳欢等，2020）等的形态学描述与测量，缺乏对其解剖学与组织学的系统性研究。获取广泛的系统解剖学知识，利于穿山甲保护工作者了解穿山甲全身结构和功能之间的普遍联系，对保护该物种是十分重要的。

虽然同种动物在形态表观上存在高度相似的情况，但其生理结构或者组织解剖结构可能存在较大的区别，所以"系统解剖学"在解剖学的观点中同样表现为"比较解剖学"，这正如本书中所描述的中华穿山甲与马来穿山甲在解剖学、组织学上的差异比较。不同的生境选择、生活习性的差异可能与解剖形态、功能及其适应性进化相关，例如：马来穿山甲相对较长的尾巴可能与其攀爬、树栖的习性相关；中华穿山甲相对宽大的前爪可能与其挖掘和穴居的习性相关等。这些形态学差异从系统解剖到局部解剖，再到身体各个区域器官和结构之间的相对位置和功能上的联系，可以呈现一个完整的系统解剖学，这些都为穿山甲进化上的差异与临床实践奠定一定基础。

本书研究不仅仅限于传统的大体解剖，也包含现代医学技术，如计算机X射线断层扫描术，适应该物种临床影像学的迅速发展，以及对解剖学知识的新需求。同时，这些技术也要求临床兽医拥有识别穿山甲身体断层的局部解剖学的知识。断层解剖学是兽医解剖学新的研究方向，也是未来野生动物医学研究的热门学科。

动物身体方位术语与切面

动物各部位与器官结构的位置关系不是恒定不变的。为了能正确地描述动物各器官的形态结构和位置，需要有公认的统一标准和规范化的语言，以便统一认识，避免错误描述。因此，确定了轴、面和方位等术语。这些概念和术语是人为规定的又是国际公认的学习解剖学必须遵循的基本原则。

- 轴

动物身体的长轴（纵轴）从头至尾，与地面平行。

- 面
  - 矢状面：与畜体长轴平行，与地面垂直的切面，分为正中矢状面和侧矢状面。
    - 正中矢状面：通过脊柱的矢状面，只有一个。可将畜体分为左右相等的两部分。
    - 侧矢状面：与正中矢状面平行的其他矢状面，有无数个。可将畜体分为左右不相等的两部分。
  - 横断面：与畜体的长轴及矢状面均垂直的切面，有无数个。可将畜体分为前后两部分。
  - 水平面（额面）：与长轴平行，与矢状面、横断面垂直的切面，有无数个。可将畜体分为背侧和腹侧两部分。

方位术语

前（头侧）/后（尾侧）：靠近畜体头端/尾端。

背侧/腹侧：靠近脊柱/远离脊柱的一侧。

内侧/外侧：靠近/远离正中矢状面的一侧。

浅层/深层：靠近/远离皮肤表面。

近端/远端：在四肢上靠近/远离躯干的一端。

背侧：前肢和后肢的前面都称为背侧。

掌侧：前肢的后面。

跖侧：后肢的后面。

桡侧/尺侧：前肢的内侧/前肢的后外侧。

胫侧/腓侧：后肢的内侧/后肢的后外侧。

轴侧/远轴侧：用于偶蹄动物（牛、羊、猪），指在四肢上靠近/远离四肢的纵轴的一侧。

第一章

外貌特征

一、形态特征

第一章 外貌特征

中华穿山甲（*Manis pentadactyla*）是一种中小型哺乳动物（图1-1），体重为3～5kg，少部分个体体重可达8kg（*n*=20）以上，体全长可达89cm（*n*=20），尾长达40cm（*n*=18），尾长不到体全长的一半，尾部明显短于其他种的穿山甲。

图1-1 中华穿山甲形态特征

马来穿山甲（*Manis javanica*）是一种中等体形的哺乳动物（图1-2），体重为4～7kg（*n*=21），体全长可达140cm（*n*=16）。马来穿山甲较中华穿山甲体形纤细，尾巴更长。

腰部 Lumbar

荐臀部 Sacral-gluteal

小腿部 Crural

跗部 Tarsal

趾部 Digital

尾部 Tail

跖部 Metatarsal

腹部 Abdomen

第一章
外貌特征

图1-2
马来穿山甲形态特征

图1-3　中华穿山甲背部全观图

图1-4　马来穿山甲背部全观图

图1-5　中华穿山甲蜷缩图（右侧位）

图1-6　马来穿山甲蜷缩图（右侧位）

中华穿山甲的耳郭较为突出，是所有穿山甲中最大的（外缘尺寸 20～30mm），包括从头部向外延伸的发达皮瓣，在其前方是明显的听觉孔。

图1-7　中华穿山甲面观图（左侧位）

图1-8　马来穿山甲面观图（左侧位）

第一章 外貌特征

图1-9 中华穿山甲面观图（头侧）

图1-10 马亚穿山甲面观图（头侧）

图1-11 中华穿山甲前爪

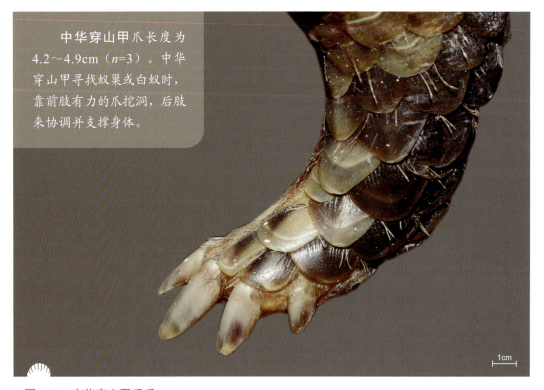

中华穿山甲爪长度为4.2~4.9cm（$n=3$）。中华穿山甲寻找蚁巢或白蚁时，靠前肢有力的爪挖洞，后肢来协调并支撑身体。

图1-12 中华穿山甲后爪

第一章 外貌特征

马来穿山甲爪长度为3.2～5.6cm（$n=78$）。马来穿山甲作为半树栖动物，具有极强的攀爬能力，通过强有力的爪和粗壮的长尾进行攀爬。

图1-13 马来穿山甲前爪

图1-14 马来穿山甲后爪

二、鳞片

穿山甲的鳞片是重要的防卫器官,最具特点的是其"盔甲式鳞片"。鳞片覆盖了躯干的背部、整个尾部以及腿部外侧。亚洲分布的穿山甲的鳞片较小,近乎扇形。其中,中华穿山甲和马来穿山甲的鳞片特征差异如下。

两种穿山甲尾腹部区域的颜色差异明显:马来穿山甲尾腹部鳞片明显比尾背部鳞片颜色浅(图1-15、图1-16);中华穿山甲尾腹部鳞片与尾背部鳞片颜色一致,呈深褐色(图1-17、图1-18)。中华穿山甲位于生殖器后方中部鳞片较马来穿山甲多出1~3枚,而马来穿山甲没有该特征鳞片。从形态上来看,位于马来穿山甲生殖器后方鳞片排列呈"凹"字形,中华穿山甲生殖器后方鳞片排列呈"凸"字形(图1-19、图1-20)。

图1-15　中华穿山甲尾背部　　　　图1-16　马来穿山甲尾背部

图1-17　中华穿山甲尾腹部　　　　图1-18　马来穿山甲尾腹部

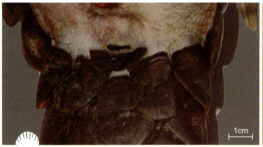 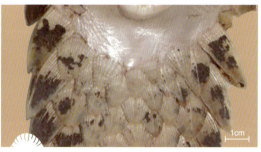

图1-19　中华穿山甲生殖器后方鳞片　　图1-20　马来穿山甲生殖器后方鳞片

马来穿山甲前肢最后一纵列鳞片逆向生长，与相邻纵列鳞片呈"人"字状拱起，而中华穿山甲无此纵列鳞片（图1-21、图1-22）。故这一纵列鳞片可作为鉴别马来穿山甲和中华穿山甲的特征之一。

图1-21　中华穿山甲前肢鳞片　　　　　图1-22　马来穿山甲前肢鳞片

马来穿山甲和中华穿山甲全身鳞片的总数和各个区域鳞片数量都存在极其显著的差异（表1-1）。马来穿山甲全身鳞片的总数（793～913枚）（$n=5$）明显多于中华穿山甲（548～623枚）（$n=5$）。纵向来看，二者躯干部背中列的鳞片数没有显著差异，但尾部背中列的鳞片数马来穿山甲显著多于中华穿山甲；横向来看，躯干部体周鳞片的列数和前后肢的鳞片数，马来穿山甲都显著多于中华穿山甲。

表1-1　马来穿山甲和中华穿山甲四肢鳞片数量的比较

前后肢的部位 Regions on forelimbs/hindlimbs	鳞片数量（均值±标准差） Scale quantities（mean±SD）	
	中华穿山甲 *Manis pentadactyla*	马来穿山甲 *Manis javanica*
左前肢鳞片列数 Rows on left forelimb	8～10 （9.00±1.00）	12～14 （13.00±1.00）

（续表）

前后肢的部位 Regions on forelimbs/hindlimbs	鳞片数量（均值±标准差） Scale quantities（mean±SD）	
	中华穿山甲 *Manis pentadactyla*	马来穿山甲 *Manis javanica*
右前肢鳞片列数 Rows on right forelimb	9～10 （10.00±0.00）	12～13 （12.00±1.00）
左前足背面覆鳞的列数 Rows on dorsal left-hand	1～3 （2.00±1.00）	4～6 （5.00±1.00）
右前足背侧覆鳞的列数 Rows of dorsal right-hand	2～3 （3.00±0.00）	4～5 （4.00±1.00）
左前肢腕关节鳞片数 Scales covering left wrist	5～8 （6.00±1.00）	6～11 （9.00±2.00）
右前肢腕关节鳞片数 Scales covering right wrist	6～8 （7.00±1.00）	7～10 （9.00±1.00）
左后肢鳞片列数 Rows on left hindlimb	9～10 （9.00±0.00）	10～12 （11.00±1.00）
右后肢鳞片列数 Rows on right hindlimb	7～9 （9.00±1.00）	10～12 （11.00±1.00）
左后足背侧覆鳞的列数 Rows of dorsal left-foot	2～3 （2.00±1.00）	3～4 （3.00±1.00）
右后足背侧覆鳞的列数 Rows of dorsal right-foot	0～3 （2.00±1.00）	3～5 （4.00±1.00）
左踝关节鳞片数 Scales covering left ankle	4～5 （4.00±1.00）	5～8 （6.00±1.00）
右后肢踝关节鳞片数 Scales covering right ankle	2～7 （4.00±2.00）	5～7 （6.00±1.00）

注：数据来自郭策等，2022。

三、皮肤与毛发

皮肤及其附属结构构成了外皮系统，为穿山甲提供整体保护。皮肤由多层细胞和组织组成，这些细胞和组织通过结缔组织固定在底层结构上（图1-23）。穿山甲皮肤厚实、皮肌发达，皮肌可以调节鳞片的方向，助于穿山甲完成各项行为活动（图1-24至图1-26）。

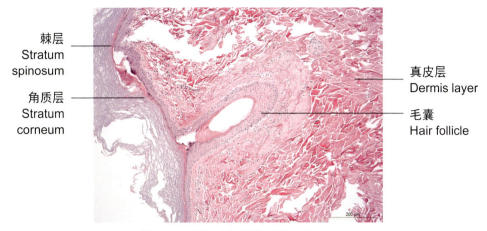

图1-23 皮肤（中华穿山甲，10×）

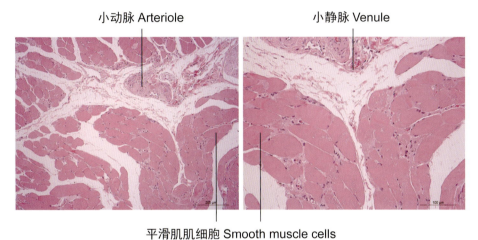

图1-24 腹部肌肉（中华穿山甲，左10×，右20×）

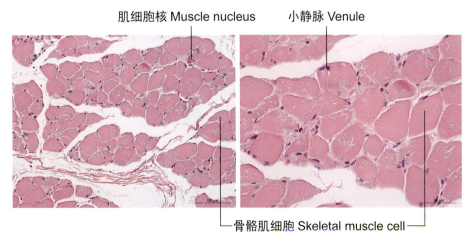

图1-25 前肢肌肉组织（中华穿山甲，左20×，右40×）

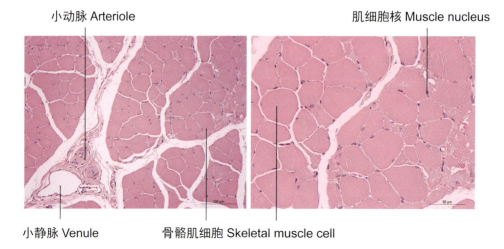

图1-26 后肢肌肉组织（中华穿山甲，左20×，右40×）

图1-27 中华穿山甲鳞片下刚毛

穿山甲代谢水平较低，成体鳞片生长缓慢，鳞片干重占到体重的1/10～1/3，穿山甲鳞片间具有突出鳞片层的刚毛（非洲穿山甲没有刚毛）和绒毛（图1-27至图1-32）。

图1-28 中华穿山甲绒毛

图1-29 中华穿山甲绒毛毛尖电镜图

图1-30 中华穿山甲绒毛毛囊电镜图

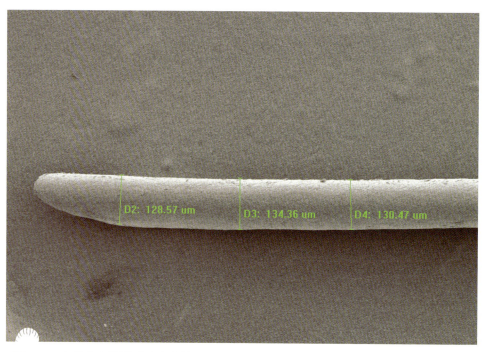

图1-31　中华穿山甲刚毛毛尖电镜图

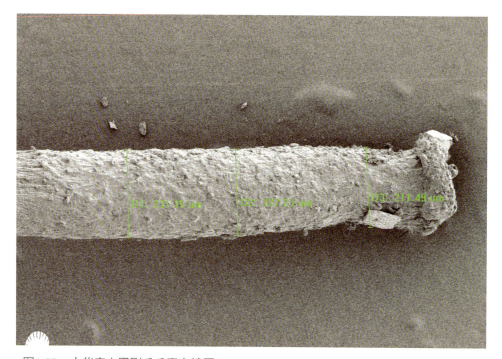

图1-32　中华穿山甲刚毛毛囊电镜图

第一章 外貌特征

图1-33　中华穿山甲生殖器（雄性）

马来穿山甲与中华穿山甲在肛门的形状上也有很大的区别：中华穿山甲的会阴部分较短，外生殖器和肛门连接较为紧密，肛周皮肤表面平整、皱褶较少、无环状皱褶突起，肛门开口较小、整体呈辐射状（图1-33）；而马来穿山甲的会阴部分相对较长，外生殖器与肛门间隔相对中华穿山甲较大，肛周皮肤较为平滑、有明显的环状皱褶突起，肛门下陷且与肛周皮肤形成类似"火山口"状的突起（图1-34）。

穿山甲皮肤厚实，皮肌可以调节鳞片的方向。当穿山甲蜷缩成典型的防御姿势时，尾巴两侧巨大、突出的鳞片向后翘起，构成尖锐的粗糙体以形成威胁、防御敌害的状态。

图1-34　马来穿山甲生殖器（雄性）

第二章
运动系统

图2-1 全身骨骼（马来穿山甲，左侧观）

第二章
运动系统

　　骨骼由骨和骨连接组成，是动物体的坚固支架，有维持体形、保护脏器、支持体重的作用。

　　穿山甲全身骨骼包括中轴骨和四肢骨（图2-1）。中轴骨包括头骨（颅骨和面骨）和躯干骨（包括椎骨、肋骨和胸骨）。四肢骨包括前肢骨（肩胛骨、肱骨、桡骨、尺骨、腕骨、掌骨、指骨）和后肢骨（髋骨、股骨、髌骨、胫骨、腓骨、跗骨、跖骨、趾骨）。

一、头骨

头骨（Cranial bone）主要由扁骨和不规则骨构成，分颅骨和面骨。穿山甲头骨呈长圆锥形，面部长，顶面窄（图2-2、图2-3）。其中，中华穿山甲头骨更为短宽，马来穿山甲头骨更为细长。

颅骨（Skull）包括枕骨、顶骨、额骨、颞骨、顶间骨、筛骨，围成颅腔容纳和保护脑，并可维持脑部的温度、稳定等功能（图2-3至图2-8）。

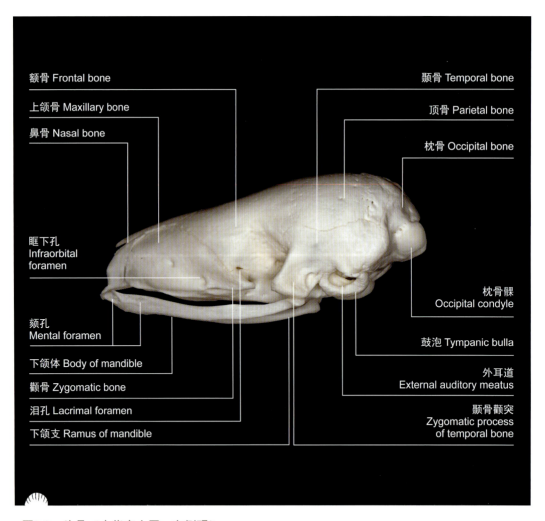

图2-2 头骨（中华穿山甲，左侧观）

第二章 运动系统

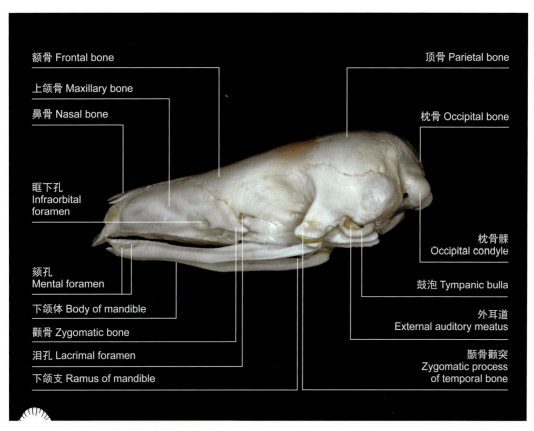

图2-3　头骨（马来穿山甲，左侧观）

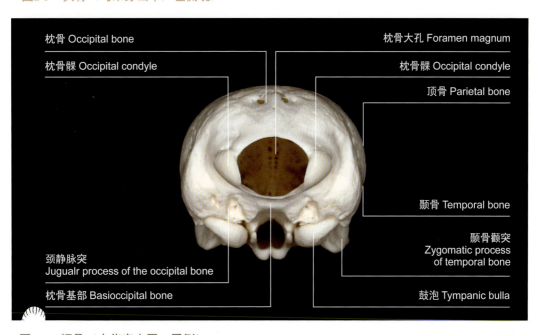

图2-4　颅骨（中华穿山甲，尾侧）

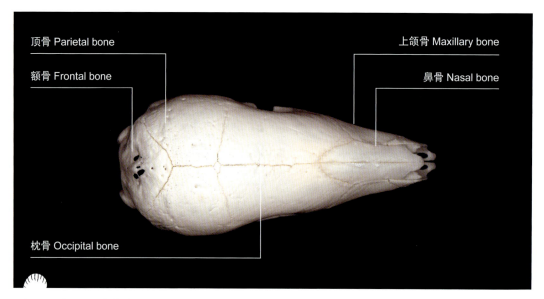

图2-5 颅骨(中华穿山甲,背侧)

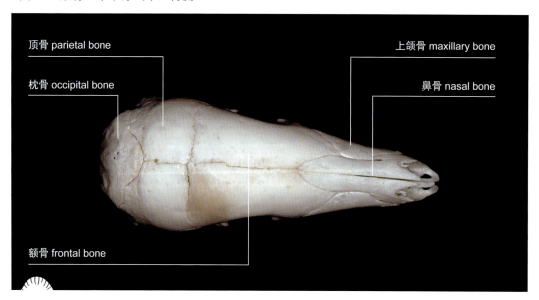

图2-6 颅骨(马来穿山甲,背侧)

面骨(Facial bone)是鼻腔、口腔和面部的支架,由成对的鼻骨、泪骨、颧骨、上颌骨、腭骨、翼骨和不成对的下颌骨、舌骨等组成。穿山甲没有牙齿,因此上下颌骨均无齿槽。

上颌骨(Maxillary bone)位于面部的两侧,构成鼻腔侧壁、底壁和口腔上壁。骨内有眶下管通过。

鼻骨(Nasal bone)细长,位于额骨的前方,构成鼻腔顶壁,中华穿山甲鼻骨较马来穿山甲的短宽。

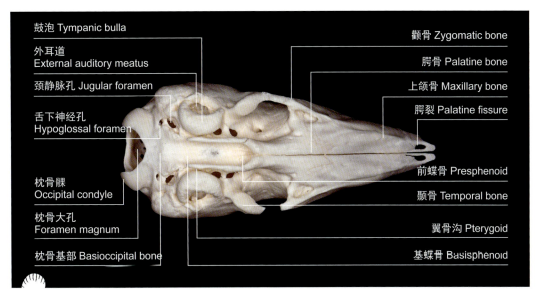

图2-7 颅骨（中华穿山甲，腹侧）

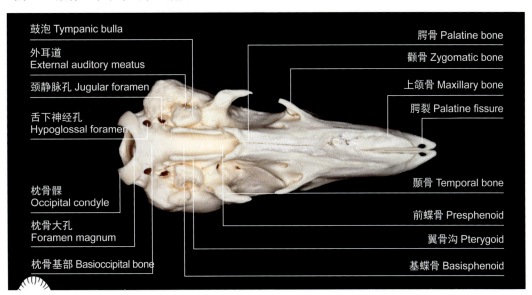

图2-8 颅骨（马来穿山甲，腹侧）

颧骨（Zygomatic bone）构成眼眶下界，向后方伸出颞突，与颞骨的颧突形成颧弓。马来穿山甲的颧弓较中华穿山甲的平缓。

腭骨（Palatine bone）位于上颌骨内侧的后方，形成鼻后孔的侧壁与硬腭的后部。

下颌骨（Mandible）由两片薄骨片组成，经下颌联合形成一个整体，分下颌体和下颌支（图2-9至图2-12）。下颌体呈水平位。下颌支连接颞骨的颞髁，上部有下颌髁，与颞髁成关节。下颌前部有下颌前伸，中华穿山甲的下颌前伸相较马来穿山甲不发达。

舌骨（Hyoid bone）由几枚小骨片组成，位于第二、第三颈椎下方（图2-13）。

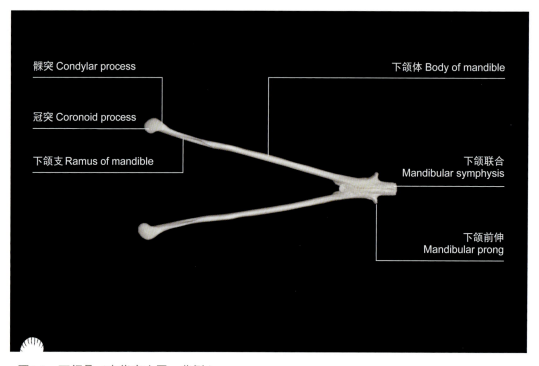

图2-9　下颌骨（中华穿山甲，背侧）

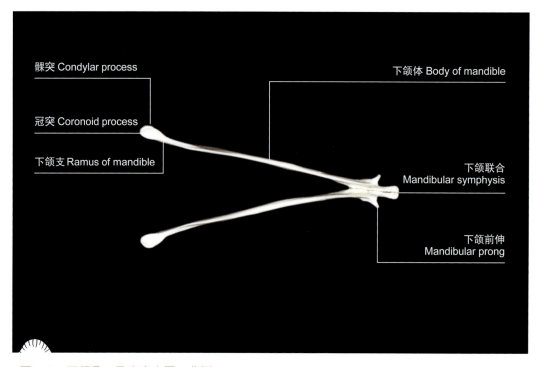

图2-10　下颌骨（马来穿山甲，背侧）

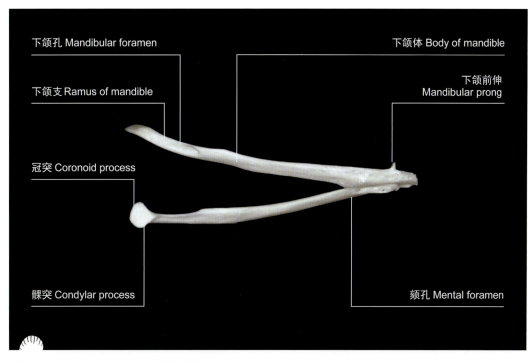

图2-11 下颌骨（中华穿山甲，背外侧）

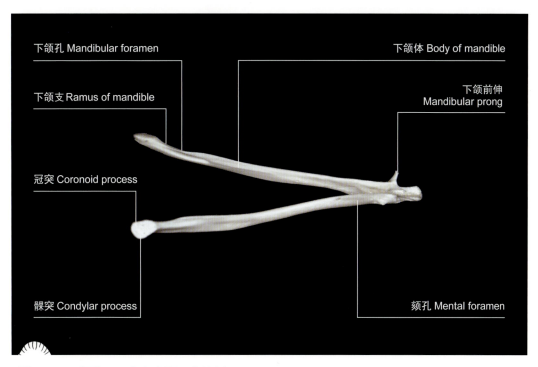

图2-12 下颌骨（马来穿山甲，背外侧）

图2-13　舌骨（马来穿山甲，后外侧）

二、躯干骨

躯干骨由椎骨、胸骨、肋骨组成。

椎骨（Vertebra）分为颈椎、胸椎、腰椎、荐椎和尾椎。所有椎骨按从前到后的顺序排列称为脊柱（Vertebral column）。

（一）颈椎

颈椎（Cervical vertebra）有7个（图2-14）。第1颈椎称为寰椎（Atlas），呈环形，由背侧弓和腹侧弓构成，前有关节窝与枕髁成关节，后有与第2颈椎成关节的鞍状关节面，寰椎两侧的宽板叫寰椎翼（图2-15、图2-16）。

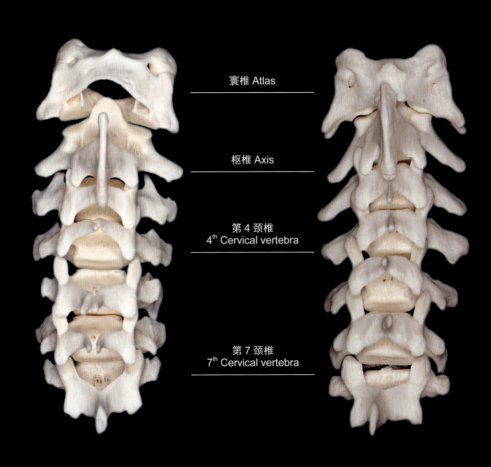

图2-14　颈椎（左为中华穿山甲，背侧；右为马来穿山甲，背侧）

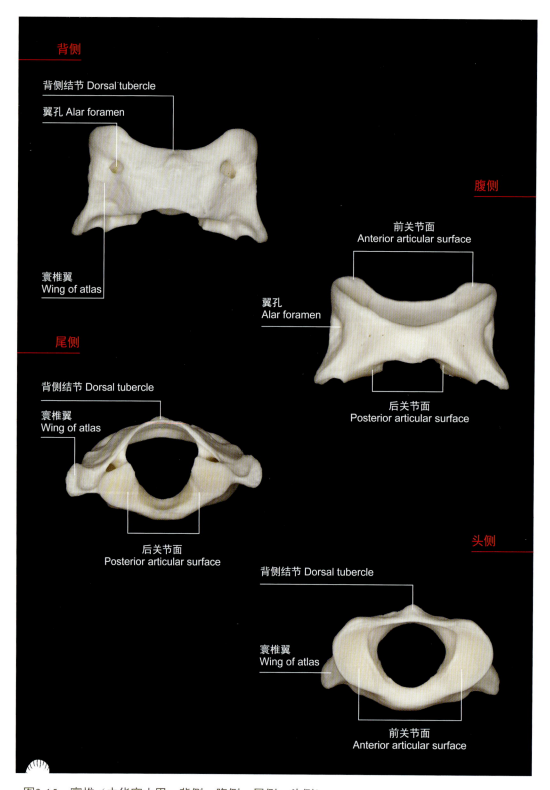

图2-15 寰椎(中华穿山甲,背侧、腹侧、尾侧、头侧)

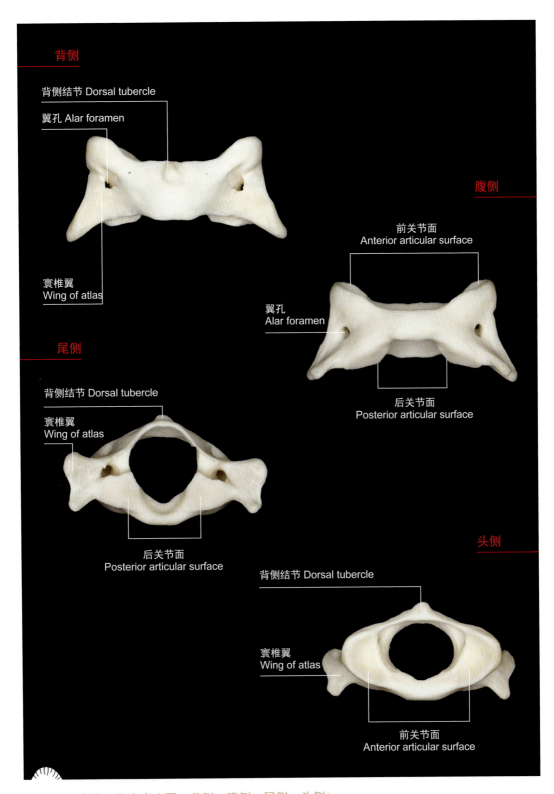

图2-16 寰椎（马来穿山甲，背侧、腹侧、尾侧、头侧）

第2颈椎称枢椎（Axis），椎体发达，前端突出称为齿突，与寰椎的鞍状关节面构成寰枢关节；棘突发达呈板状，无前关节突（图2-17、图2-18）。第3～6颈椎形态相

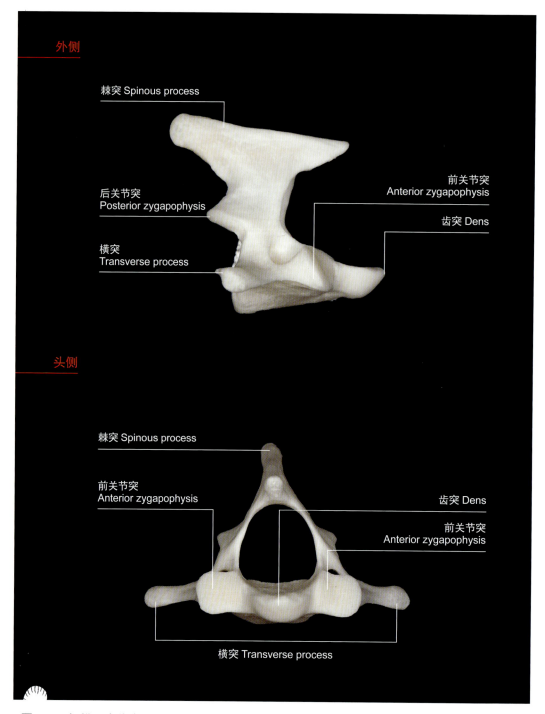

图2-17　枢椎（中华穿山甲，外侧、头侧）

似，椎体发达，椎头和椎窝明显，关节突发达，横突分前后两支（图2-19）。第7颈椎的椎体短而宽，椎窝两侧有肋凹，棘突明显（图2-20、图2-21）。

图2-18 枢椎（马来穿山甲，外侧、尾侧）

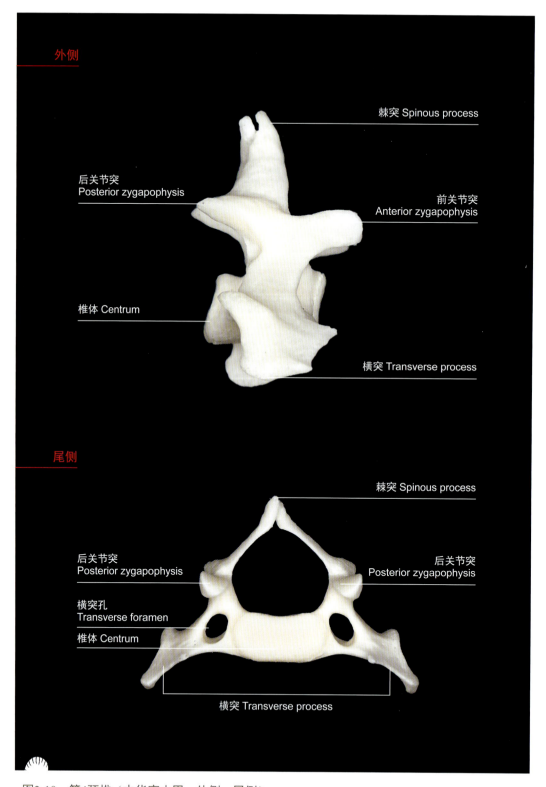

图2-19　第4颈椎（中华穿山甲，外侧、尾侧）

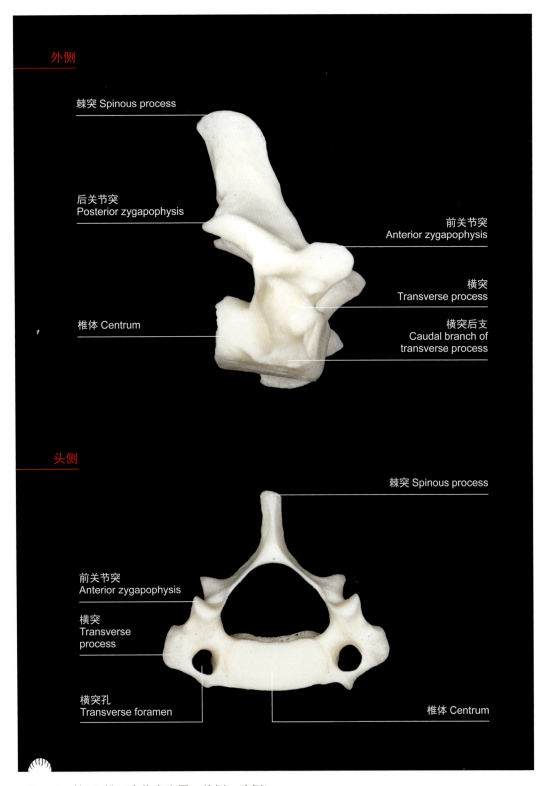

图2-20　第7颈椎（中华穿山甲，外侧、头侧）

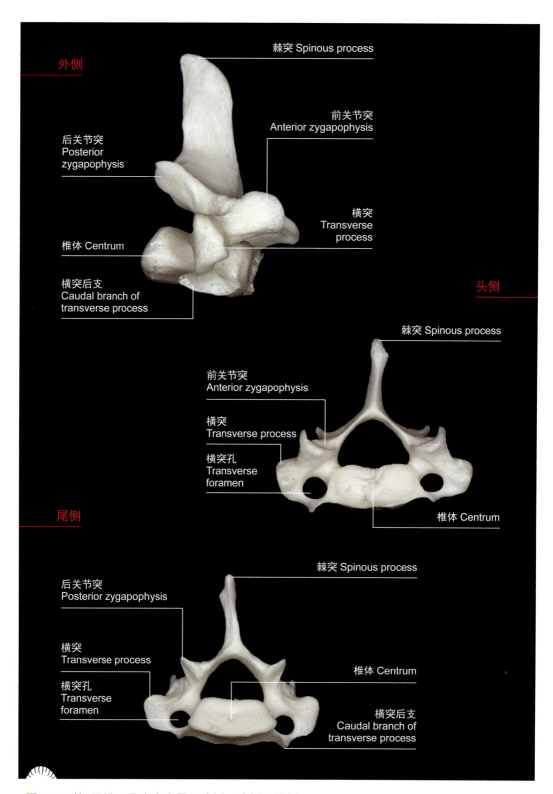

图2-21　第7颈椎（马来穿山甲，外侧、头侧、尾侧）

（二）胸椎

中华穿山甲有16～17枚胸椎（Thoracic vertebrae）（$n=8$），马来穿山甲有15～16枚胸椎（$n=8$），胸椎椎体大小较一致，在椎头和椎窝的两侧均有肋窝；棘突相对发达，横突短，侧面有横突，肋窝与肋骨结节成关节（图2-22至图2-25）。

图2-22　胸椎（中华穿山甲）

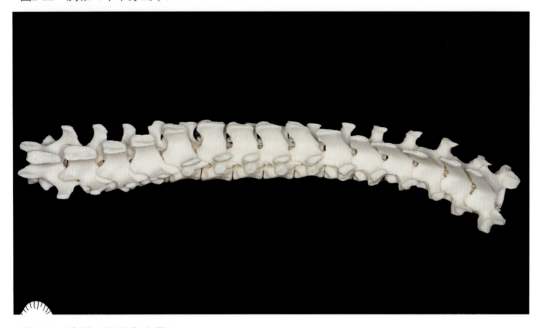

图2-23　胸椎（马来穿山甲）

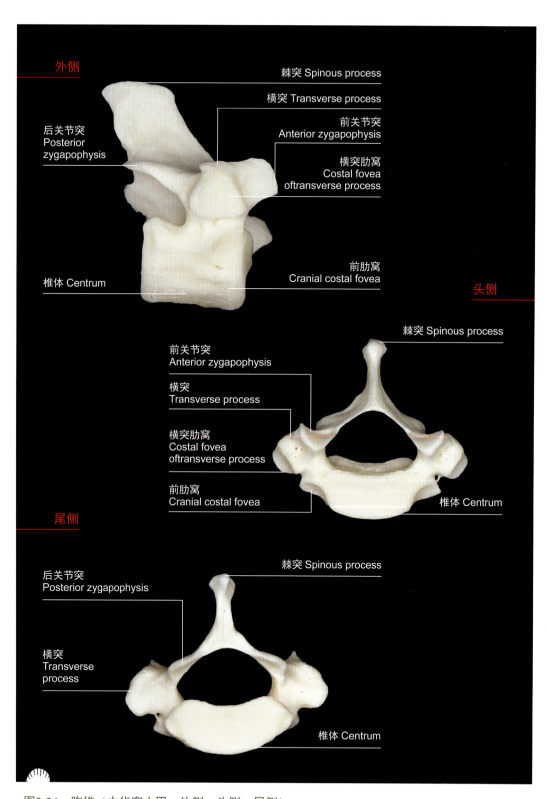

图2-24 胸椎（中华穿山甲，外侧、头侧、尾侧）

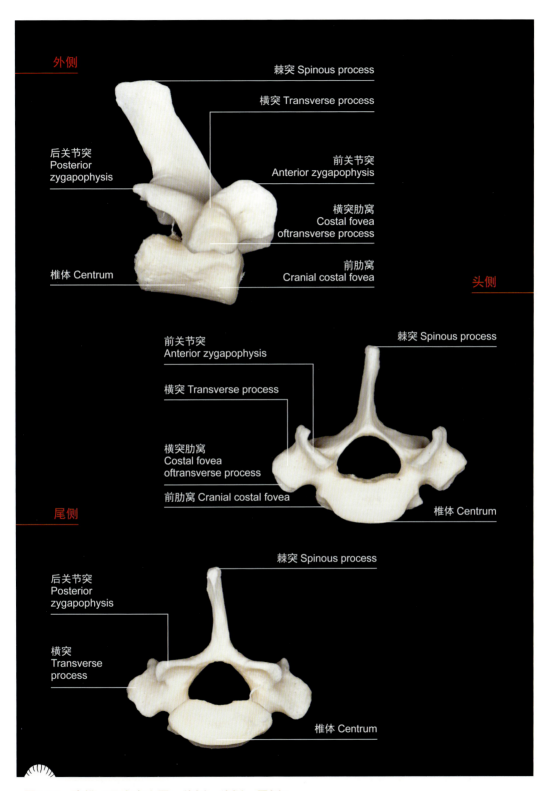

图2-25 胸椎（马来穿山甲，外侧、头侧、尾侧）

(三)腰椎

中华穿山甲有5～6枚腰椎(Lumbar vertebrae)($n=8$),马来穿山甲有5～6枚腰椎($n=8$)。腰椎由前往后椎体逐渐增大,横突较胸椎长,棘突较发达,其高度与后段胸椎的相等,有发达的乳突(图2-26至图2-29)。

图2-26 腰椎(中华穿山甲,背侧)

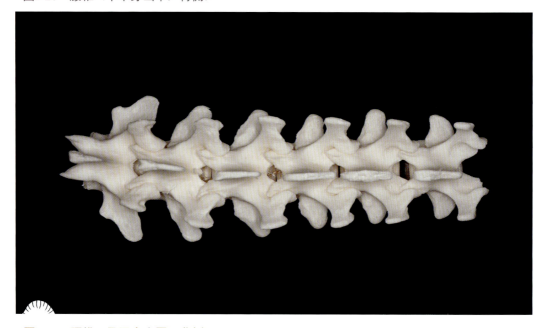

图2-27 腰椎(马亚穿山甲,背侧)

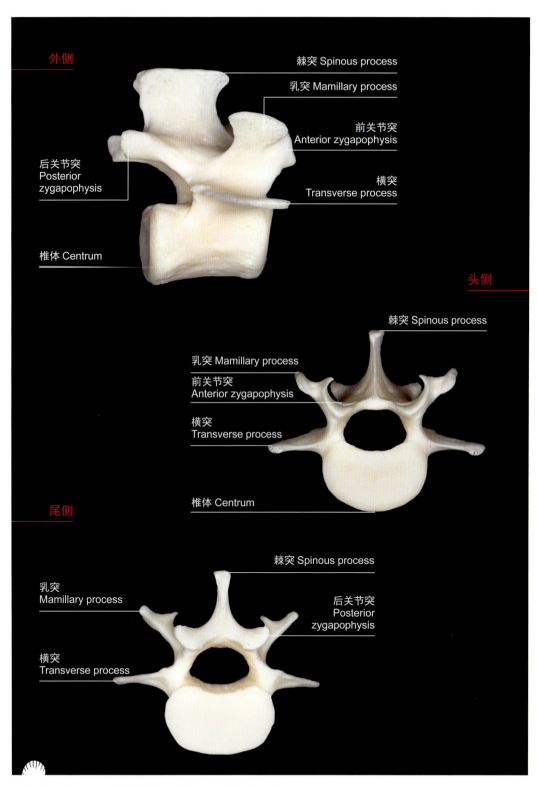

图2-28 腰椎(中华穿山甲,外侧、头侧、尾侧)

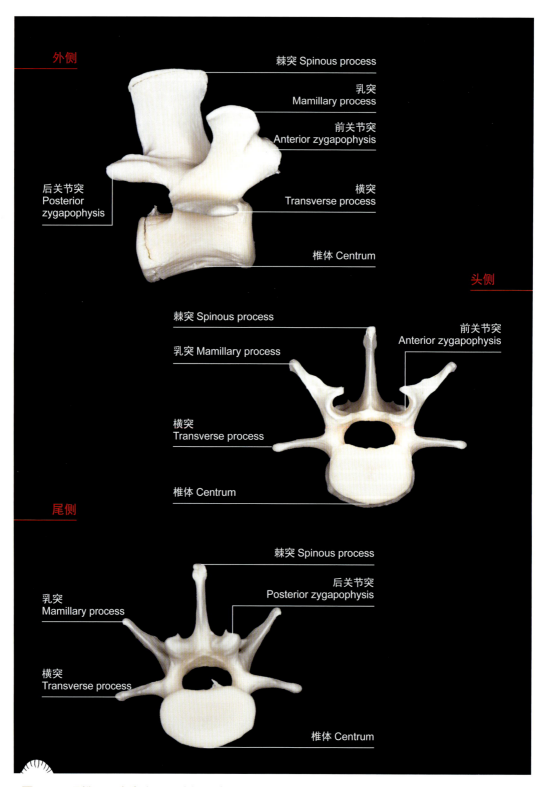

图2-29 腰椎(马来穿山甲,外侧、头侧、尾侧)

（四）荐椎

荐椎（Sacral vertebrae）是构成骨盆腔顶壁的基础。中华穿山甲有3～4枚荐椎（*n*=8），马来穿山甲有3～4枚荐椎（*n*=8）。穿山甲的荐椎与盆骨融合成一个整体；最后一个荐椎横突发达，向后方突出（图2-30至图2-33）。

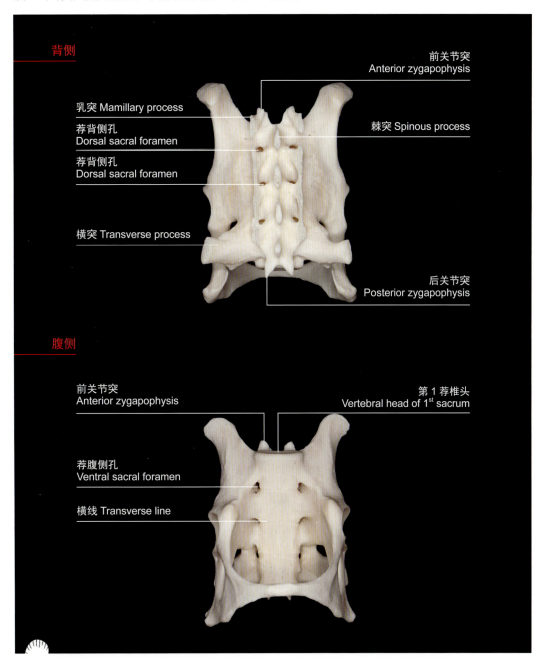

图2-30　荐椎（中华穿山甲，背侧、腹侧）

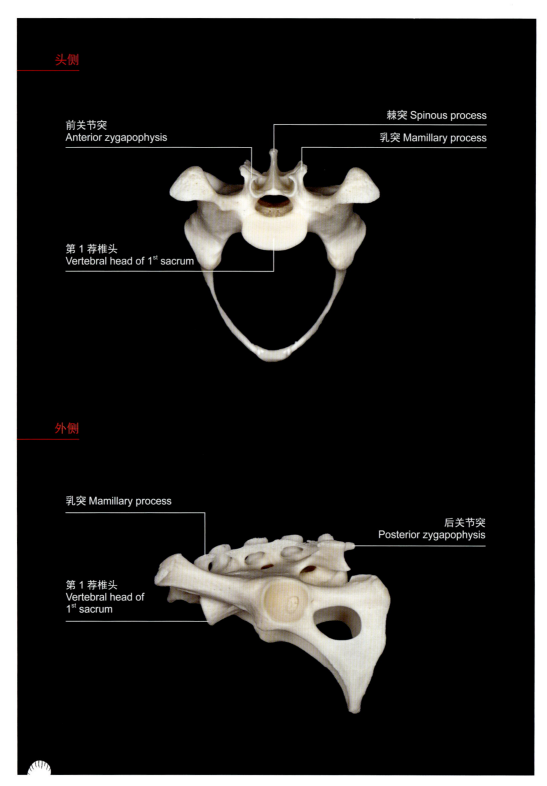

图2-31 荐椎（中华穿山甲，头侧、外侧）

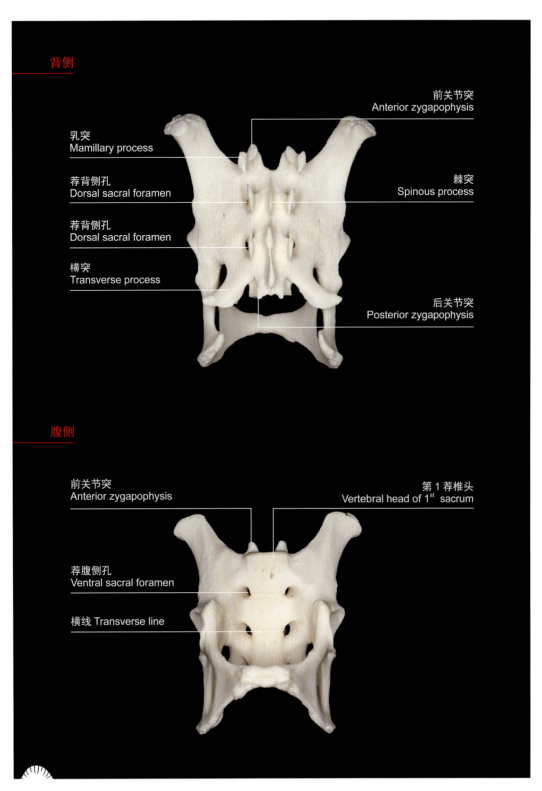

图2-32 荐椎(马来穿山甲,背侧、腹侧)

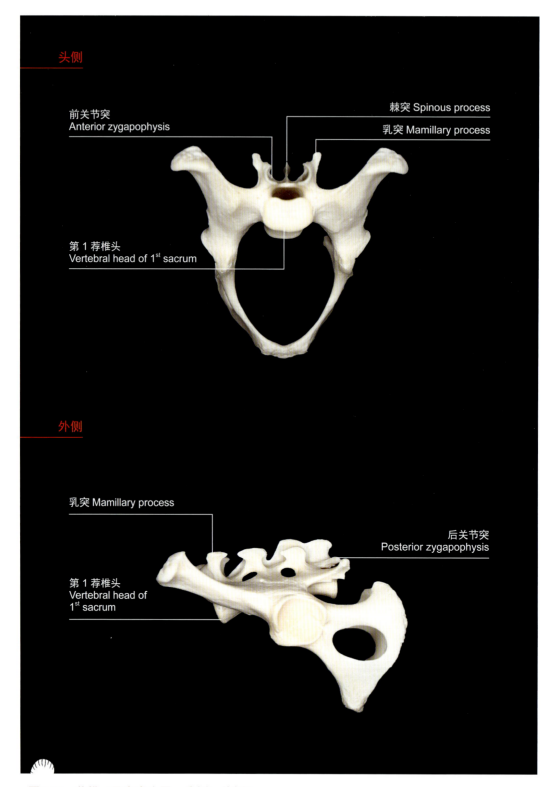

图2-33 荐椎（马来穿山甲，头侧、外侧）

（五）尾椎

穿山甲尾椎（Caudal vertebrae）数目变化大，中华穿山甲尾椎有25～27枚（$n=8$），马来穿山甲尾椎有26～30枚（$n=8$）；前几个尾椎具有椎骨的一般构造，横突发达；往后的尾椎椎弓、棘突和横突则逐渐退化，仅保留椎体；尾椎椎体腹侧两椎体间有"V"形骨（V-shaped bone），从前往后不断缩小，供尾动脉通过（图2-34至图2-38）。

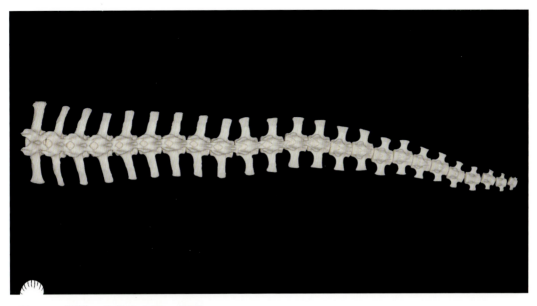

图2-34 尾椎（中华穿山甲，背侧）

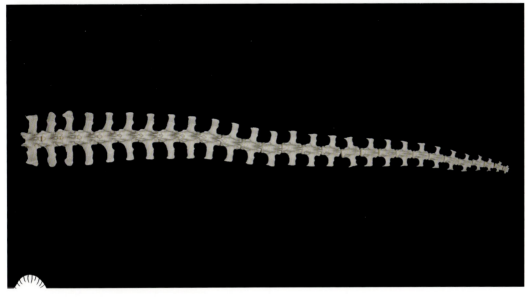

图2-35 尾椎（马来穿山甲，背侧）

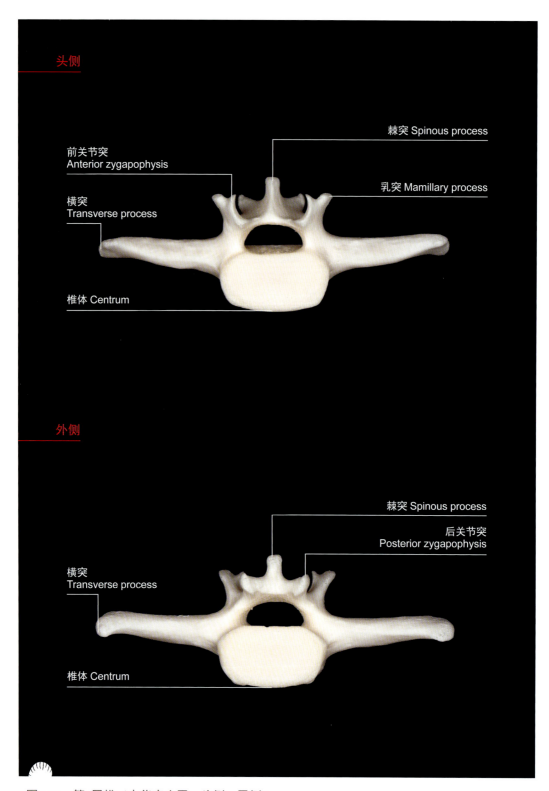

图2-36　第1尾椎（中华穿山甲，头侧、尾侧）

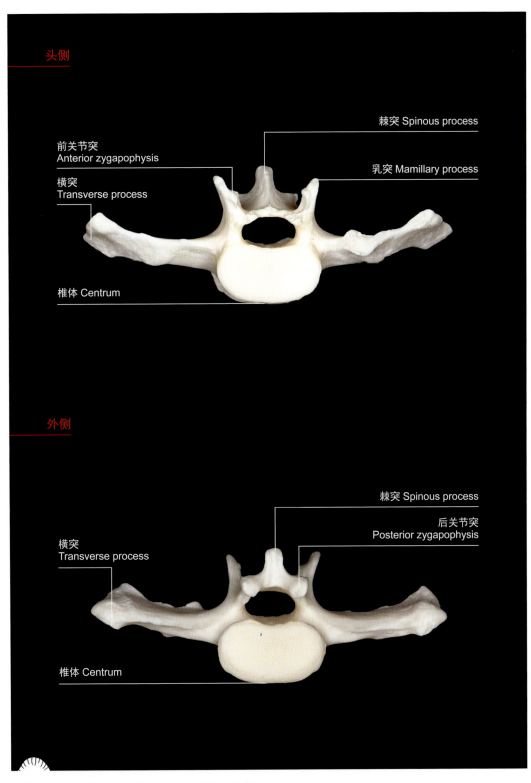

图2-37 第1尾椎（马来穿山甲，头侧、尾侧）

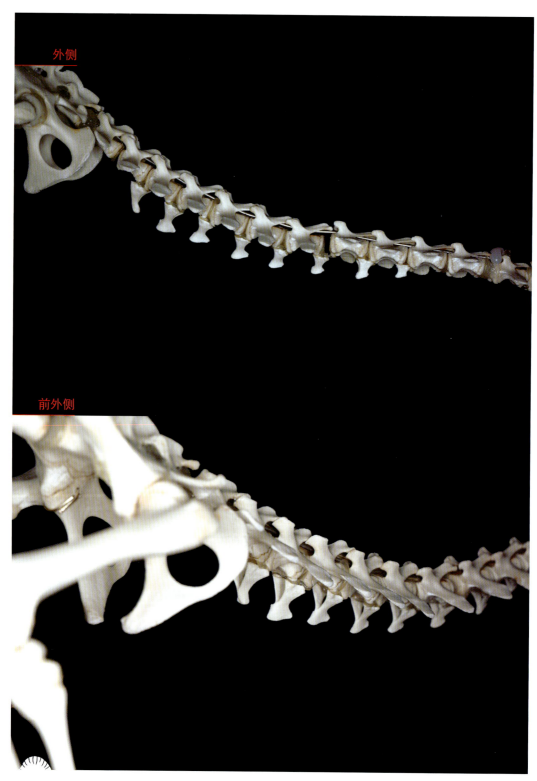

图2-38 "V"形骨（马来穿山甲，外侧、前外侧）

（六）肋与胸骨

肋（Rib）包括背侧的肋骨（Costal bone）和腹侧的肋软骨（Costal cartilage）（图2-39至图2-42）。肋骨为弓形，左右成对，对数和胸椎数目相同：中华穿山甲有16～17对，马来穿山甲有15～16对。

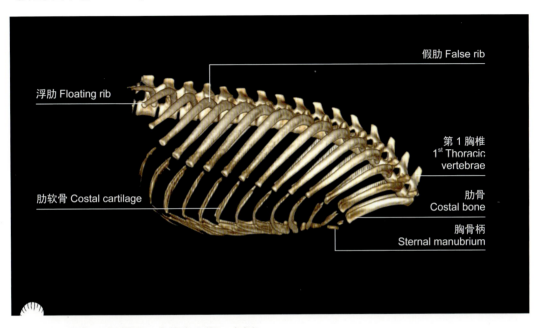

图2-39　胸廓CT扫描图（中华穿山甲，右侧）

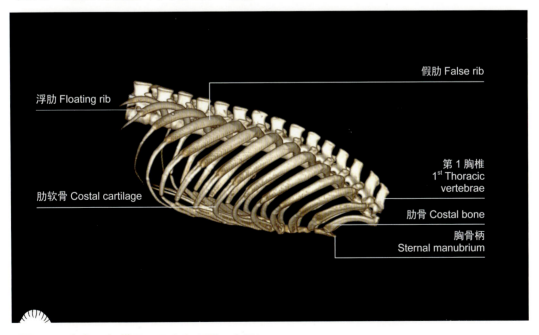

图2-40　胸廓CT扫描图（马来穿山甲，右侧）

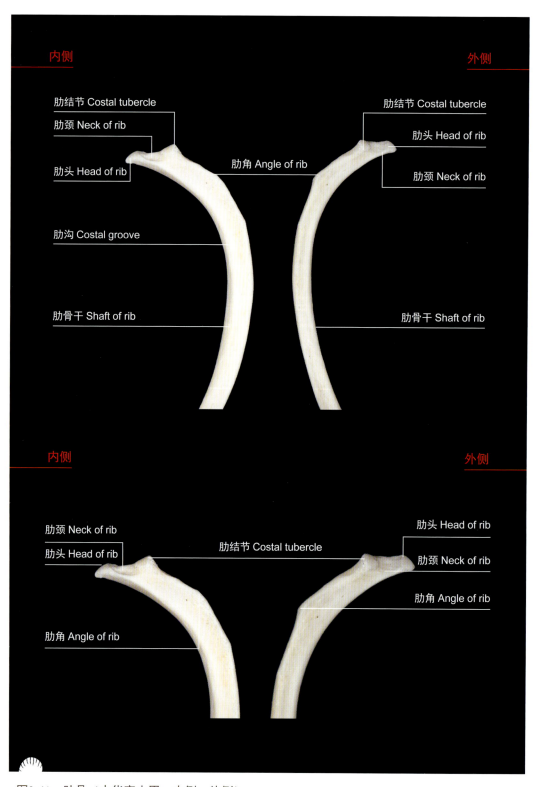

图2-41 肋骨（中华穿山甲，内侧、外侧）

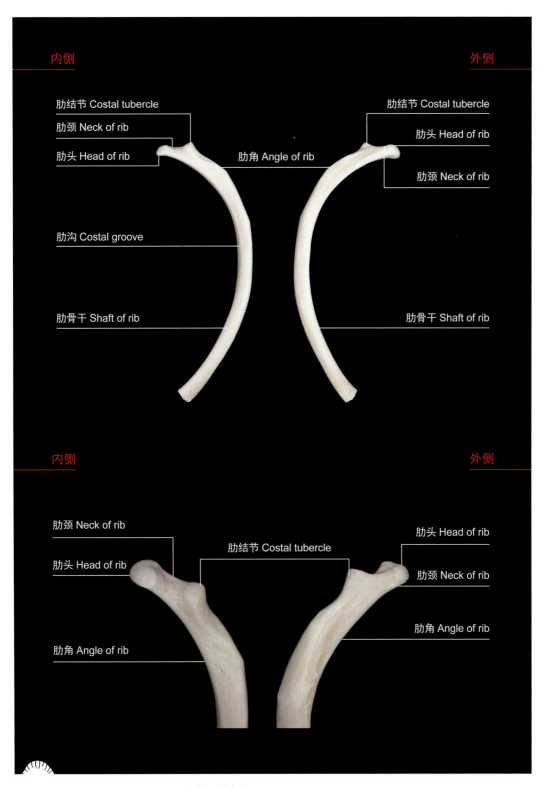

图2-42 肋骨（马来穿山甲，内侧、外侧）

胸骨（Sternum）位于胸廓底部正中，由胸骨节片通过软骨连接而成（图2-43至图2-45）。前端为胸骨柄；中部为胸骨体，两侧有肋窝，与真肋的肋软骨相接；后端为剑状软骨（Xiphoid cartilage）。剑状软骨是穿山甲舌的起源。中华穿山甲与马来穿山甲的剑状软骨呈匙柄状，差异较小；非洲穿山甲剑状软骨呈条带状。

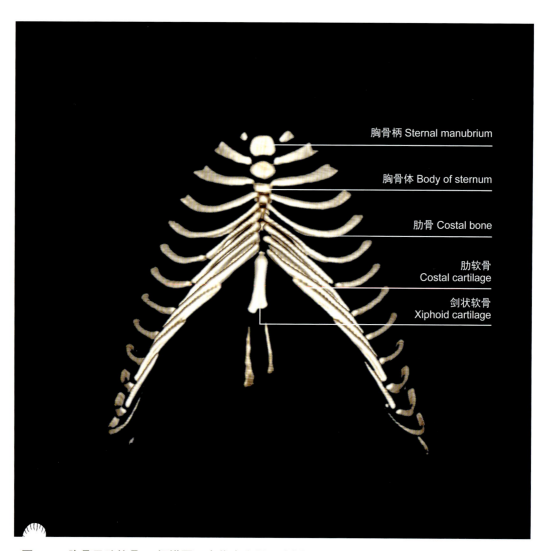

图2-43 胸骨及肋软骨CT扫描图（中华穿山甲，腹侧）

第二章 运动系统

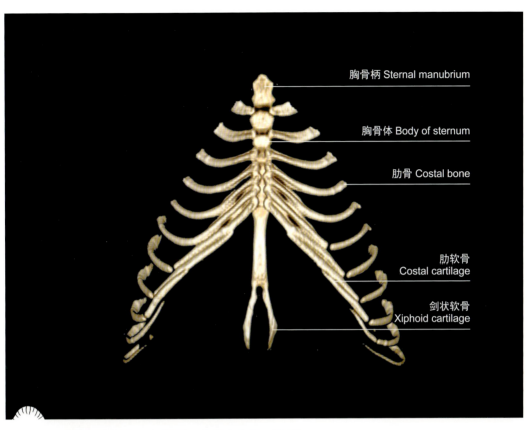

图2-44 胸骨及肋软骨CT扫描图（中华穿山甲，腹侧）

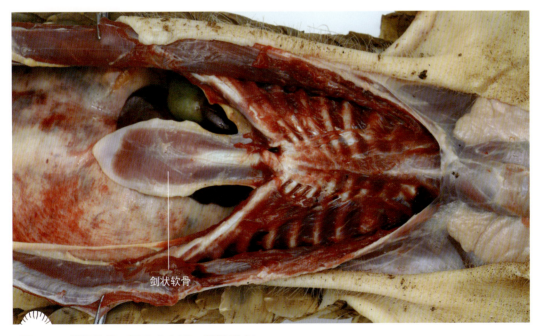

图2-45 剑状软骨（马来穿山甲，新鲜标本）

三、四肢骨

（一）前肢骨

前肢骨包括肩胛骨、肱骨、前臂骨和前脚骨（图2-46）。前臂骨包括桡骨、尺骨。前脚骨包括腕骨、掌骨、指骨。

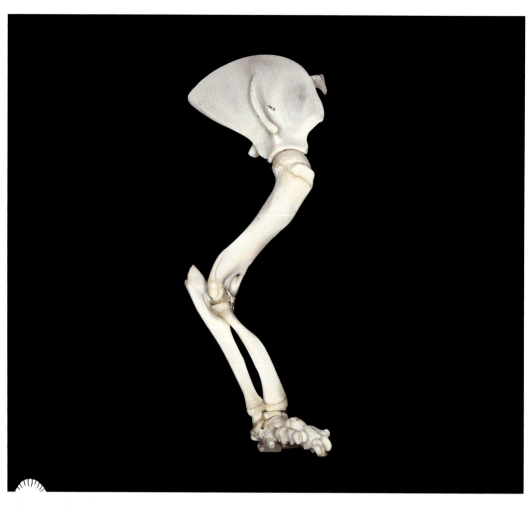

图2-46 前肢骨（马来穿山甲，右侧）

肩胛骨（Scapula）为三角形扁骨，外侧面有一纵行隆起的肩胛冈。肩胛冈前方称冈上窝，后方为冈下窝。马来穿山甲肩胛骨相对中华穿山甲面积更大，而中华穿山甲具有更宽的肩胛冈（图2-47、图2-48）。肩胛骨内侧面为肩胛下窝。肩胛骨的上缘附有肩胛软骨，远端较粗大，有一圆形浅凹叫关节盂。

图2-47 左侧肩胛骨（中华穿山甲，外侧、内侧）

图2-48　左侧肩胛骨（马来穿山甲，外侧、内侧）

肱骨（humerus）为管状长骨。肱骨近端后部球状关节面是肱骨头，与肩胛骨关节盂形成肩关节；近端前部内侧是小结节，外侧是大结节。骨干呈扭曲的圆柱状，外侧有三角肌粗隆，内侧有较明显的肱骨嵴。肱骨远端较宽，有内侧上髁、滑车、肱骨小头与外侧上髁。髁的后面有深陷的鹰嘴窝。中华穿山甲具有较马来穿山甲更粗壮的肱骨、更发达的三角肌粗隆和肱骨嵴（图2-49、图2-50）。

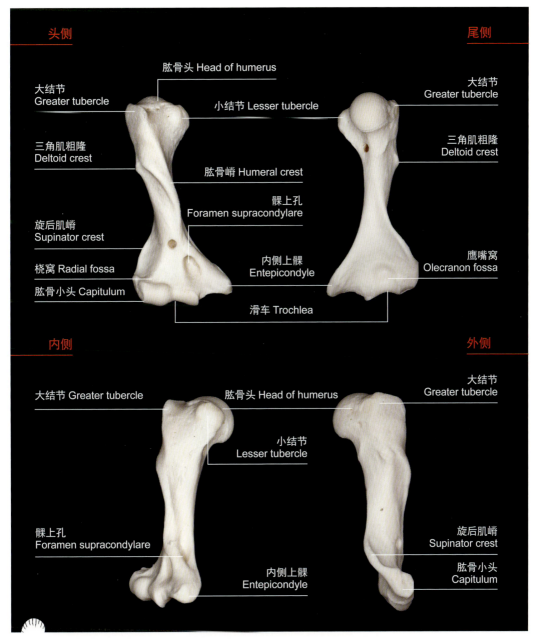

图2-49　右肱骨（中华穿山甲，头侧、尾侧、内侧、外侧）

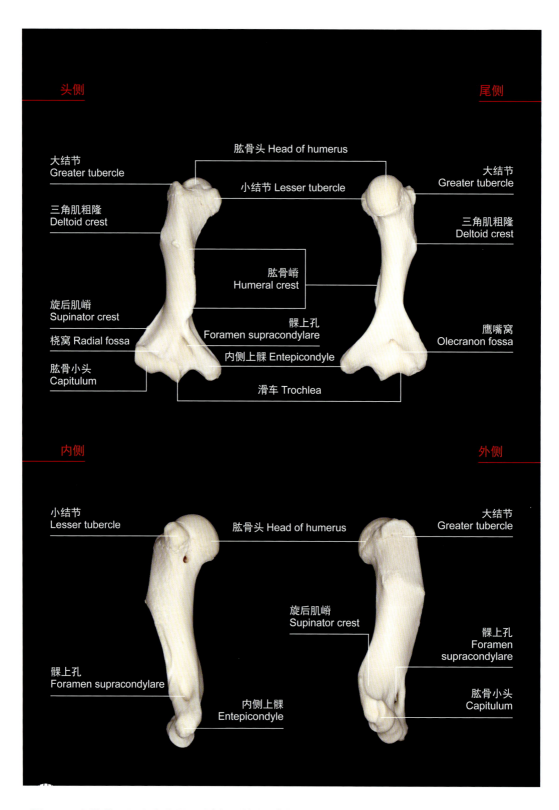

图2-50 右肱骨(马来穿山甲,头侧、尾侧、内侧、外侧)

前臂骨（Skeleton of forearm）包括桡骨（Radius）和尺骨（Ulna）。桡骨在前内侧，尺骨在后外侧。穿山甲的尺骨比桡骨粗大，尺骨近端突出称为鹰嘴。中华穿山甲的桡骨与尺骨相对于马来穿山甲更为短粗，马来穿山甲的桡骨与尺骨更为平滑（图2-51至图2-54）。

肱骨小头、肱骨滑车与桡骨、尺骨滑车组成的关节称肘关节（Articulation cubiti）。

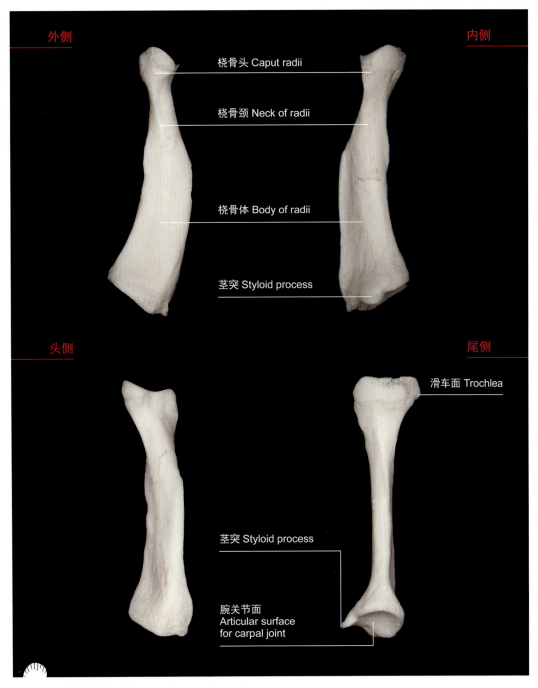

图2-51　右桡骨（中华穿山甲，外侧、内侧、头侧、尾侧）

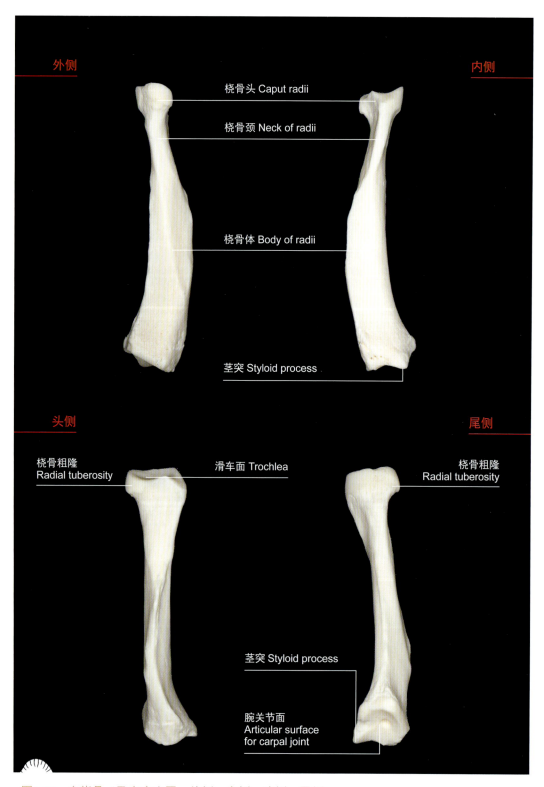

图2-52　右桡骨（马来穿山甲，外侧、内侧、头侧、尾侧）

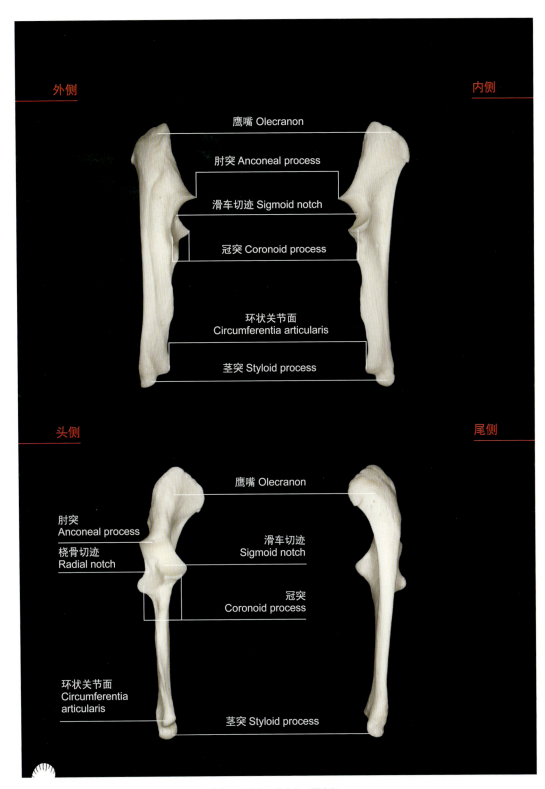

图2-53 右尺骨（中华穿山甲，外侧、内侧、头侧、尾侧）

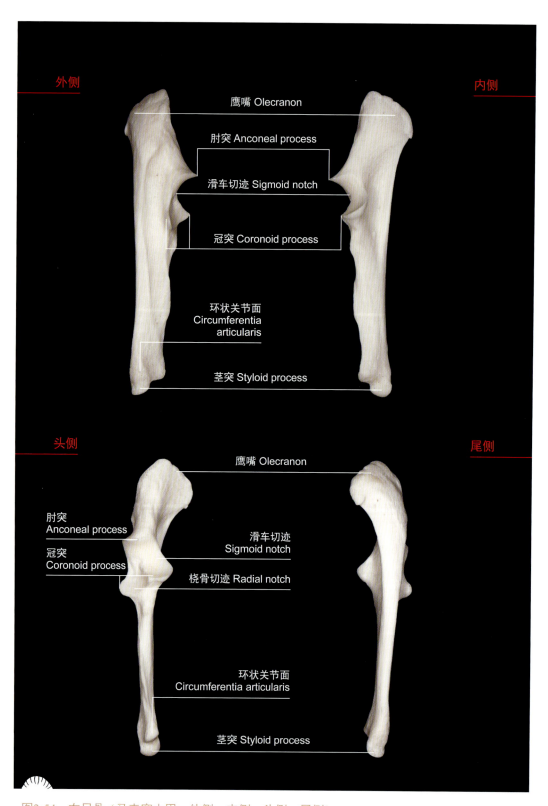

图2-54 右尺骨（马来穿山甲，外侧、内侧、头侧、尾侧）

腕骨（Carpal bone）是前臂骨与掌骨之间的小短骨，排成上下两列，共7枚（图2-55、图2-56）。

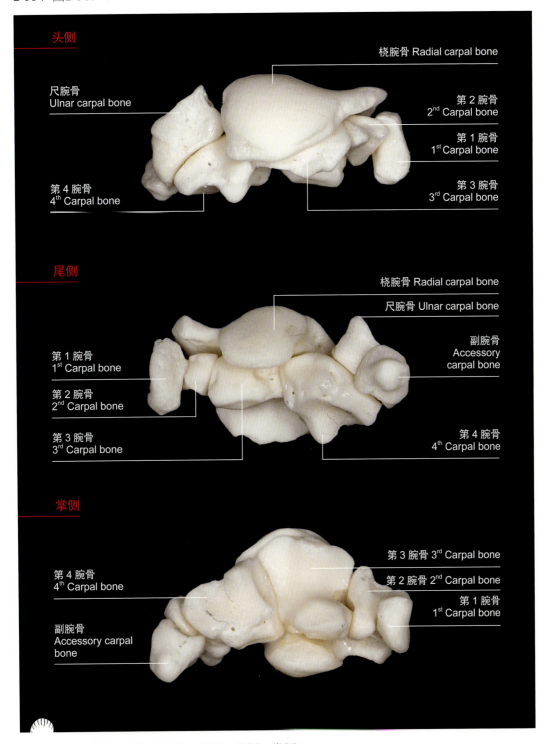

图2-55　右腕骨（中华穿山甲，头侧，尾侧，掌侧）

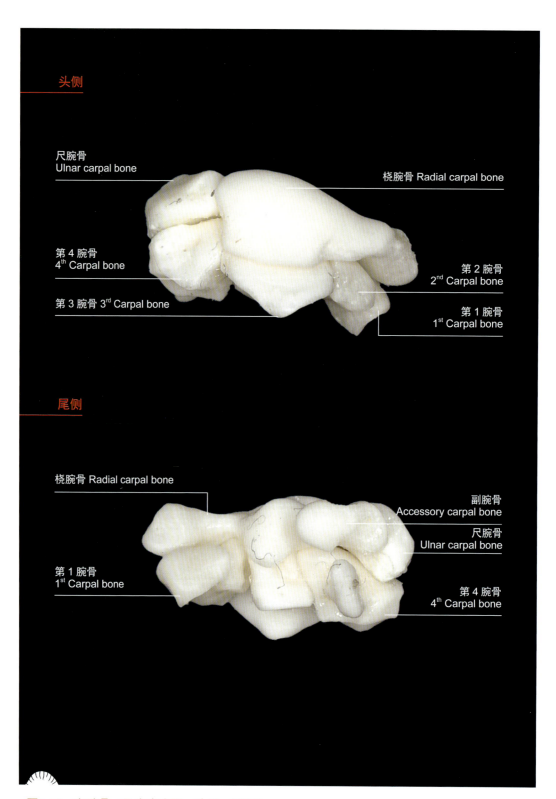

图2-56　右腕骨（马来穿山甲，头侧，尾侧）

掌骨（Metacarpal）为长骨，近端接腕骨，远端接指骨，由内向外分别称为第1、2、3、4、5掌骨（图2-57、图2-58）。

指骨（Phalanx）从上到下依次为近节指骨、中节指骨、远节指骨（图2-57、图2-58）。其中，第1掌骨对应的指骨只有2节（近节指骨、远节指骨）。

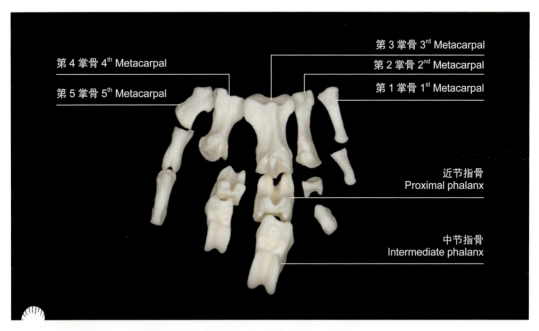

图2-57　右侧掌骨、近节指骨、中节指骨（中华穿山甲，背侧）

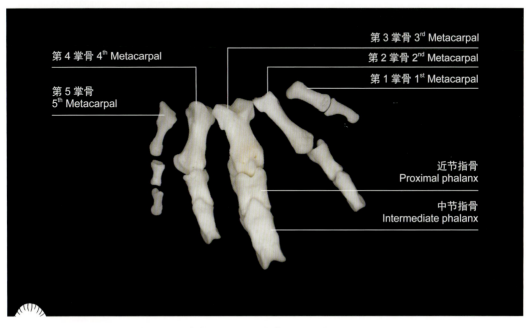

图2-58　右侧掌骨、近节指骨、中节指骨（马来穿山甲，背侧）

（二）后肢骨

后肢骨包括髋骨、股骨、髌骨、小腿骨和后脚骨（图2-59）。小腿骨包括胫骨和腓骨。后脚骨包括跗骨、跖骨与趾骨。

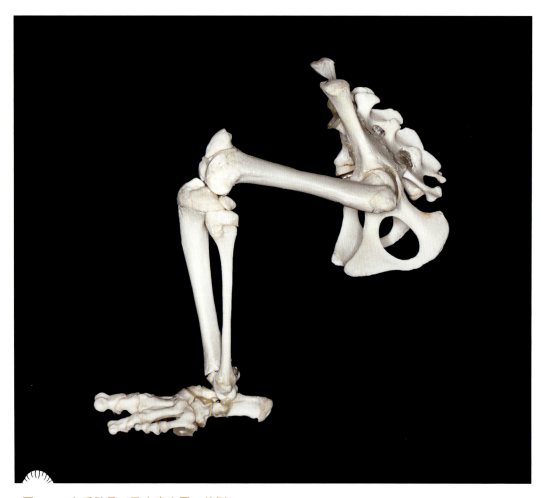

图2-59　左后肢骨（马来穿山甲，外侧）

髋骨（Hip bone）由髂骨、坐骨和耻骨结合而成（图2-60、图2-61）。穿山甲髋骨与荐椎融合，形成一块整体。髋骨在外侧中部结合处形成关节窝，称为髋臼，与股骨头成关节。左、右侧髋骨在骨盆中线处以软骨连接形成骨盆联合。

髂骨位于外上方，前部宽大称髂骨翼，后部窄小称髂骨体。马来穿山甲具有相对发达的髂骨翼，而中华穿山甲的髂骨翼窄小，宽度与坐骨接近。坐骨位于后上方，构成骨盆底的后部，后外角为坐骨结节。耻骨位于前下方，构成骨盆底的前部，后缘与坐骨前缘共同围成闭孔。

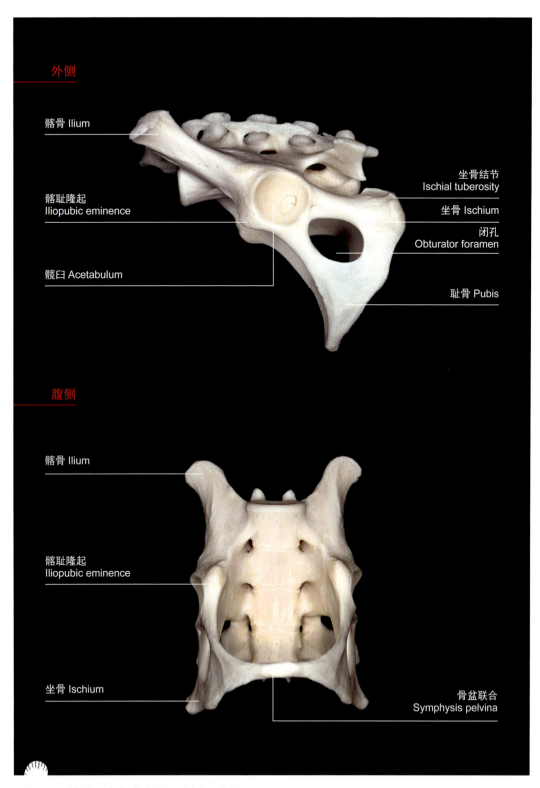

图2-60 髋骨（中华穿山甲，外侧、腹侧）

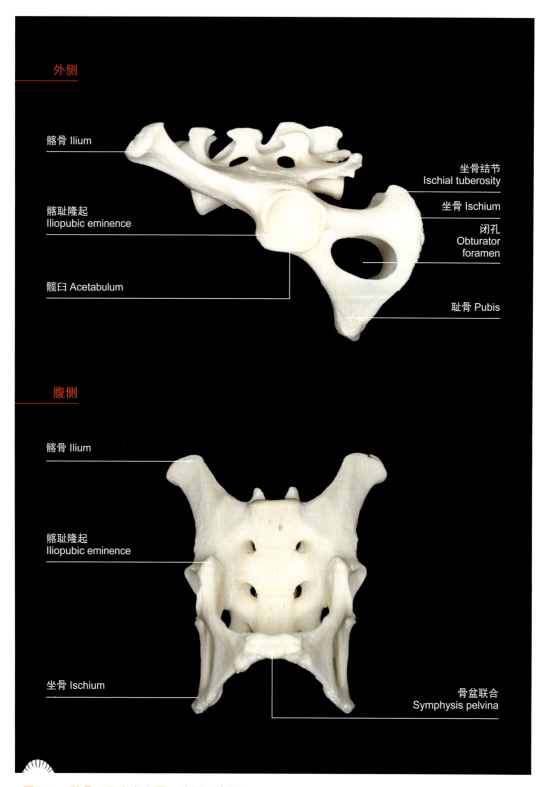

图2-61　髋骨（马来穿山甲，外侧、腹侧）

股骨（Femur）为管状长骨，是后肢最强壮的长骨。近端有球状的股骨头，与髋臼成髋关节（Articulatio coxae）；近端外侧为大转子，内侧为小转子。股骨体接近圆柱体，与股骨头通过股骨颈连接。股骨远端前方为滑车关节面，与膝盖骨成关节；后方由内、外侧髁构成，与胫骨成关节。中华穿山甲相对马来穿山甲有更小的股骨头、更细长的股骨颈，同时马来穿山甲还具有更发达的大、小转子（图2-62、图2-63）。

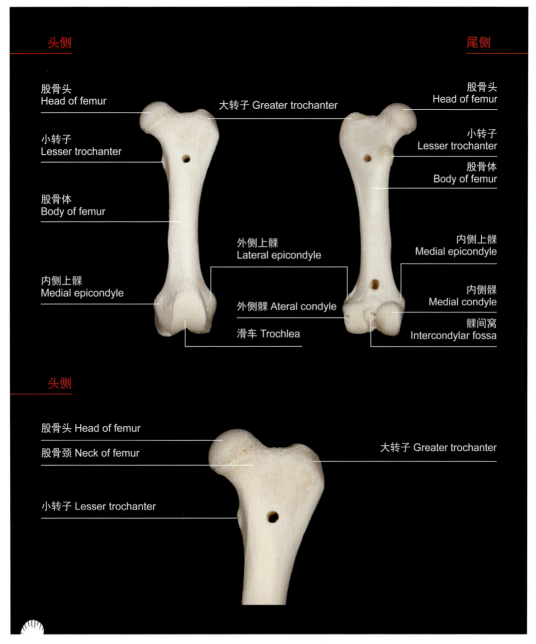

图2-62　左股骨（中华穿山甲，头侧、尾侧）、股骨近端（中华穿山甲，头侧）

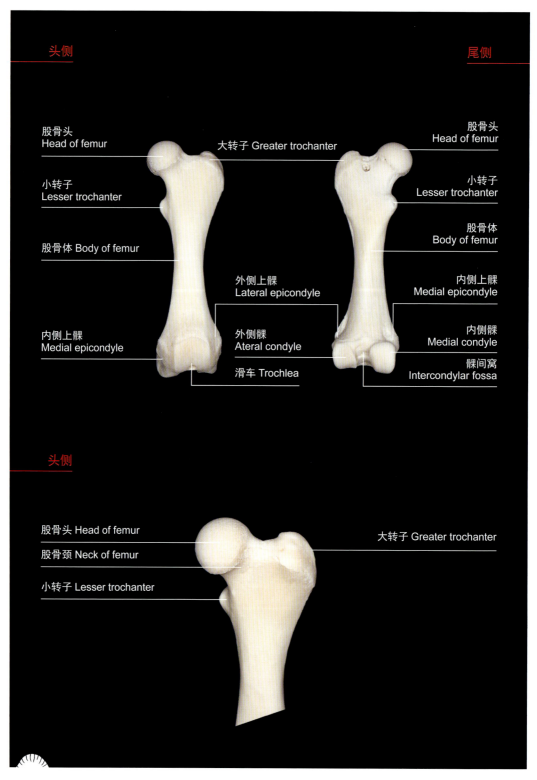

图2-63　左股骨（马来穿山甲，头侧、尾侧）、股骨近端（马来穿山甲，头侧）

髌骨（Patella）：亦称膝盖骨，呈顶端向下的楔形，位于股骨远端前方，是体内最大的籽骨（图2-64、图2-65）。

股骨远端、髌骨、胫骨构成的关节为膝关节（Articulatio genus）。

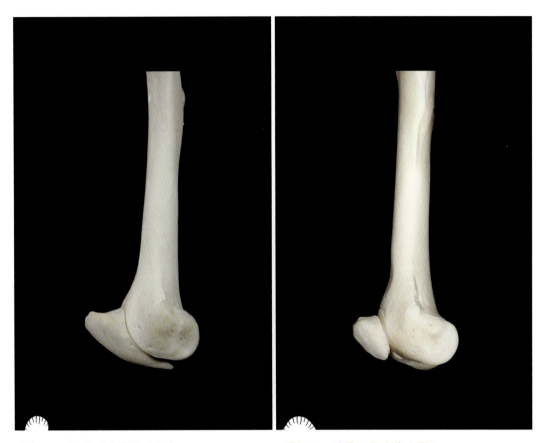

图2-64　髌骨（中华穿山甲）　　　图2-65　髌骨（马来穿山甲）

小腿骨（Skeleton of leg）包括胫骨（Tibia）和腓骨（Fibula）。胫骨位于内侧，粗大，呈三面棱柱状的长骨；近端粗大，有内、外侧髁，与股骨髁成关节；骨干为三面体，背侧缘隆起，称胫骨嵴；远端有滑车，与距骨成关节（图2-66至图2-69）。腓骨位于胫骨外侧，腓骨头扁平，腓骨体细小，远端粗大、与跟骨形成关节（图2-70、图2-71）。

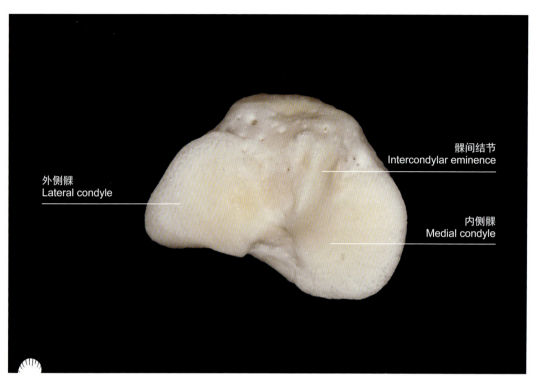

图2-66　左胫骨近端关节面（中华穿山甲）

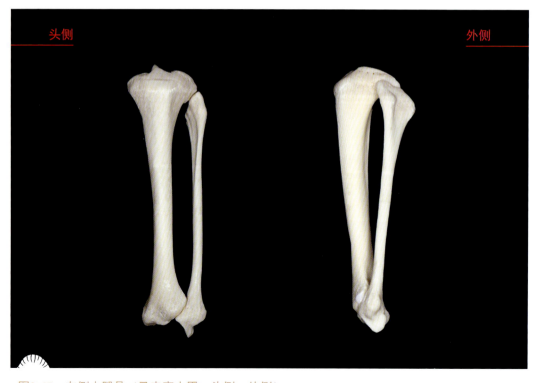

图2-67　左侧小腿骨（马来穿山甲，头侧、外侧）

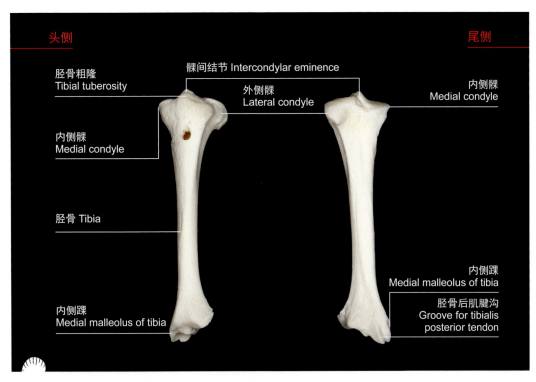

图2-68 左胫骨（中华穿山甲，头侧、尾侧）

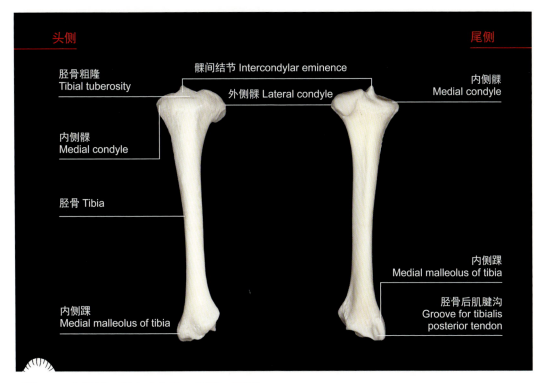

图2-69 左胫骨（马来穿山甲，头侧、尾侧）

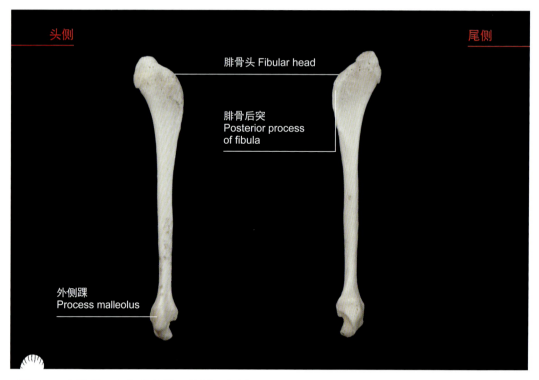

图2-70　左腓骨（中华穿山甲，外侧、内侧）

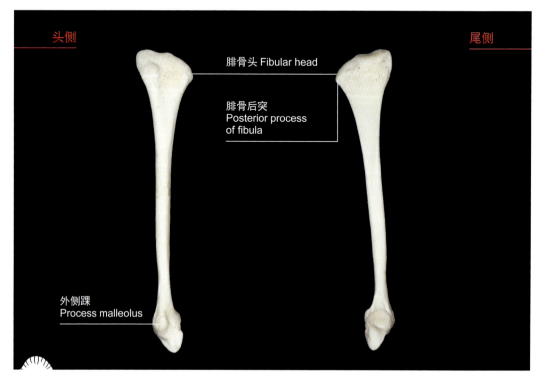

图2-71　左腓骨（马来穿山甲，外侧、内侧）

跗骨（Tarsal bone）由数块短骨构成，位于小腿骨与跖骨之间，分为近、中、远三列，共7枚。近列有2枚，内侧是距骨（胫跗骨），外侧是跟骨（腓跗骨）；中列仅有1枚中央跗骨；远列由内向外依次是第1、2、3和4跗骨（图2-72、图2-73）。跟骨近端粗大，称跟结节。

跖骨（Metatarsal）、趾骨（Phalanx）与前肢的掌骨、指骨相似（图2-74、图2-75）。

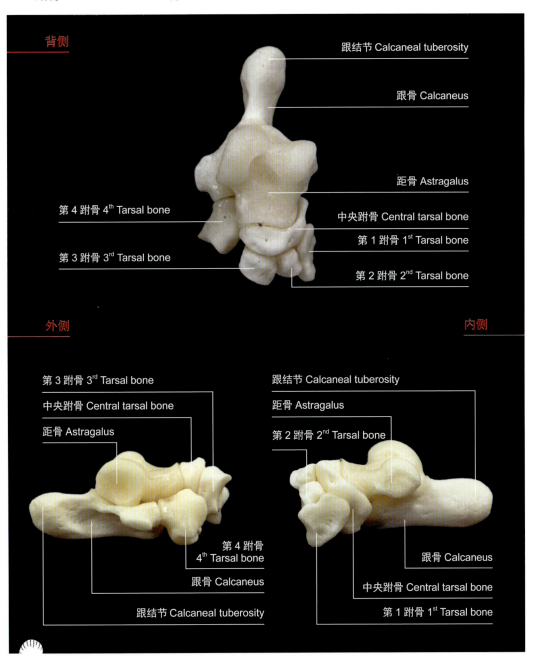

图2-72　右跗骨（中华穿山甲，背侧、外侧、内侧）

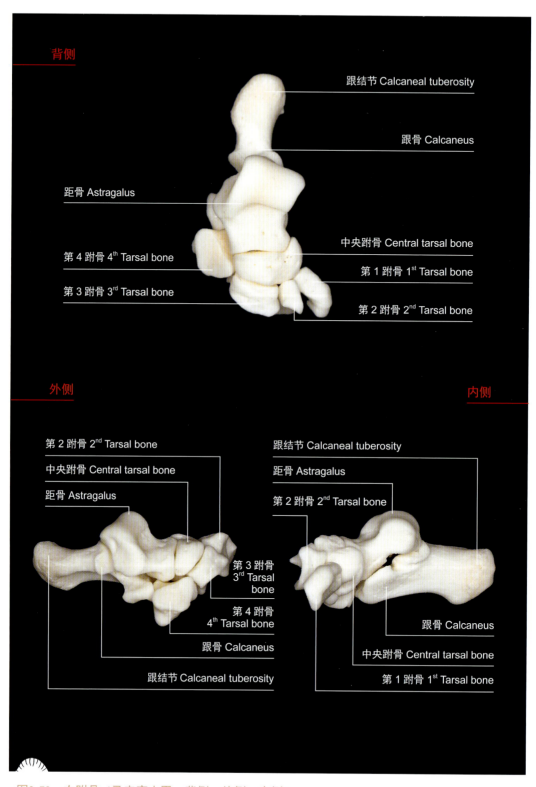

图2-73　右跗骨（马来穿山甲，背侧、外侧、内侧）

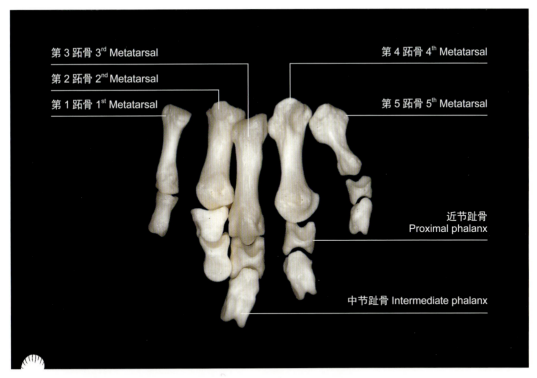

图2-74　左侧跖骨、近节趾骨、中节趾骨（中华穿山甲，背侧）

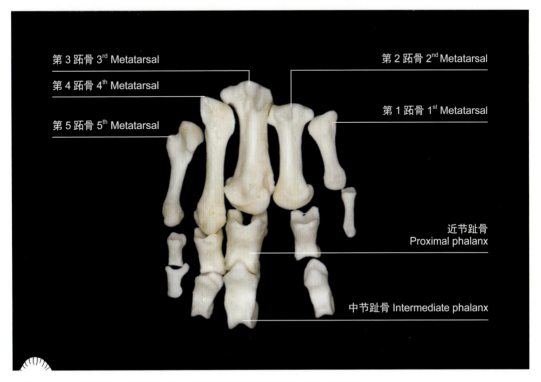

图2-75　右侧跖骨、近节趾骨、中节趾骨（马来穿山甲，背侧）

第三章

消化系统

消化系统（Digestive system）包括消化管（Digestive tract）和消化腺（Digestive gland）。消化管包括口腔、咽、食管、胃、肠、肛门。消化腺包括壁内腺和壁外腺。壁内腺存在于消化管壁中，如胃腺。壁外腺包括颌下腺、肝、胰。

一、消化管

（一）舌

中华穿山甲和马来穿山甲舌的形态整体差别不显著，舌体（Tongue body）分为三部分，即口部，胸部和腹部（图3-1至图3-6）。舌腹部末端连接剑状软骨。

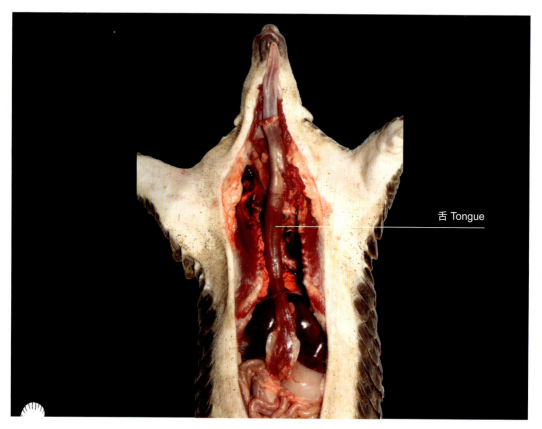

图3-1　舌在体腔内的位置（中华穿山甲）

第三章 消化系统

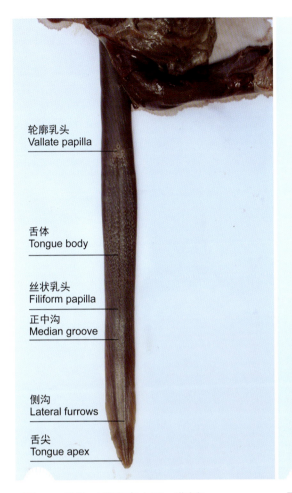

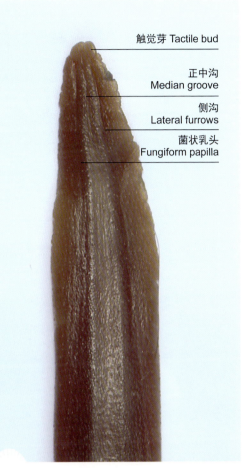

图3-2 舌体（马来穿山甲，背侧）

图3-3 舌远端（马来穿山甲，背侧）

图3-4 舌（马来穿山甲，背侧）

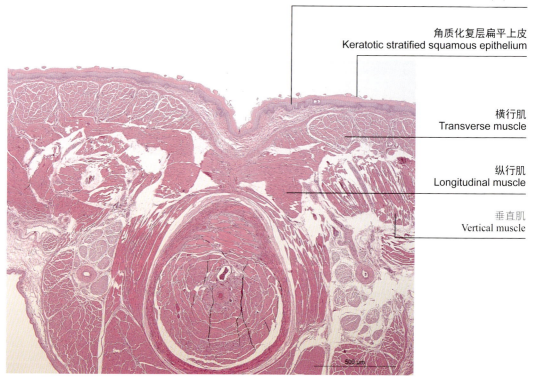

图3-5 舌（中华穿山甲，20×）

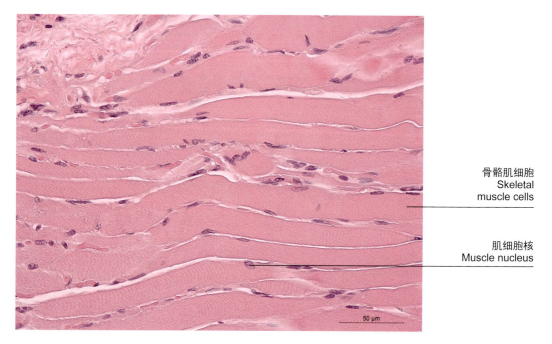

图3-6 舌（中华穿山甲，20×）

（二）食管

食管（Esophagus）起于咽止于胃，与胃交界处平滑肌增厚。两种穿山甲无明显差别（图3-7至图3-9）。

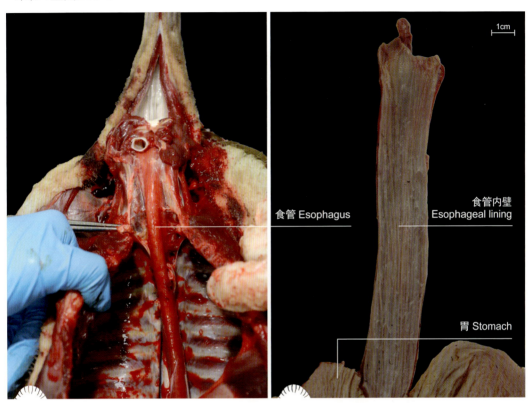

图3-7　食管（马来穿山甲）　　　　图3-8　食管内壁（马来穿山甲）

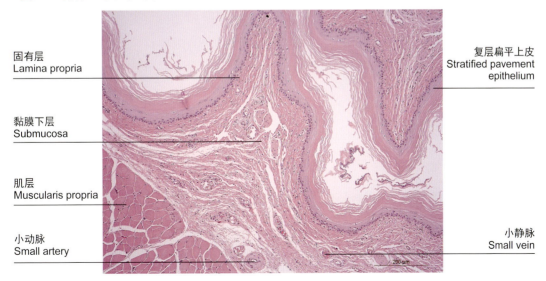

图3-9　食管（中华穿山甲，5×）

（三）胃

胃（Stomach）位于食管和小肠之间。穿山甲为单室混合胃，食管交界处内肌层增厚，胃底有许多黏膜褶皱，在幽门区域可见明显增厚的肌肉层（图3-10至图3-19）。两种穿山甲胃无明显区别。

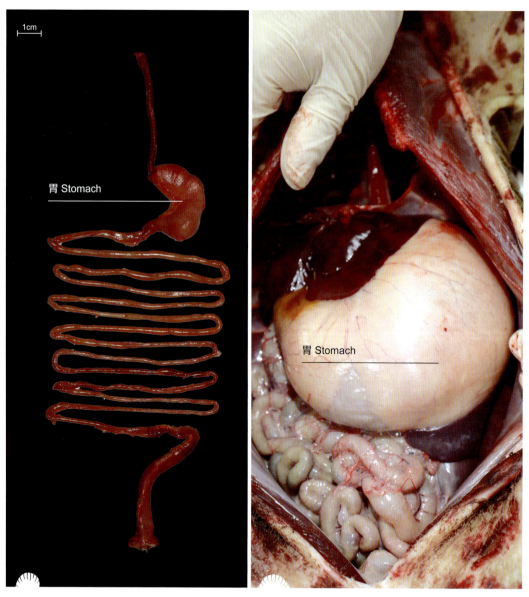

图3-10　消化管全长（中华穿山甲）　　图3-11　胃的体腔位置（马来穿山甲）

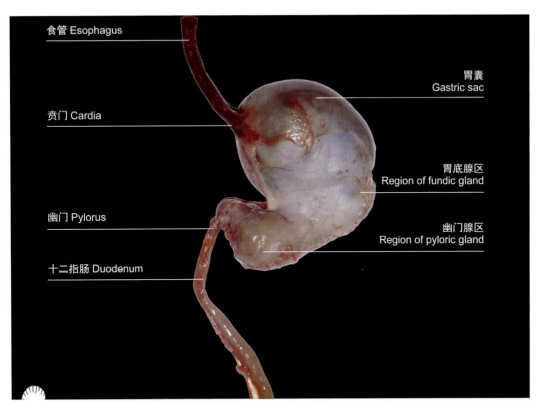

图3-12 胃(中华穿山甲)

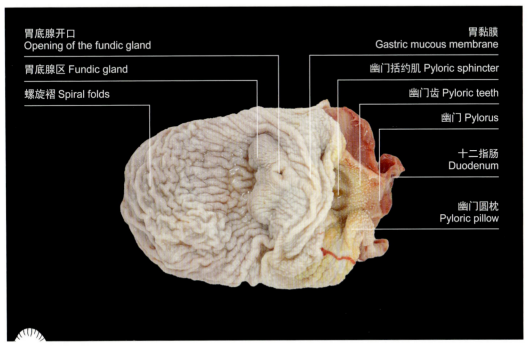

图3-13 胃内侧图(马来穿山甲)

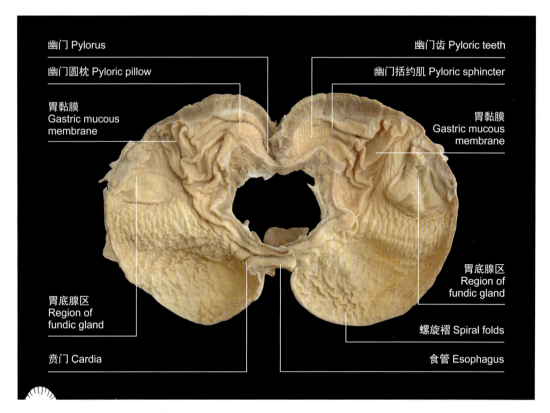

图3-14 胃剖面图（马来穿山甲）

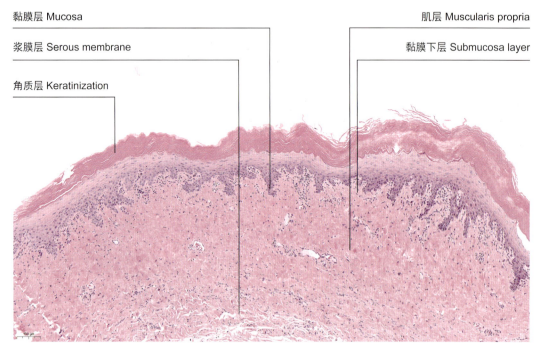

图3-15 幽门圆枕（马来穿山甲，10×）

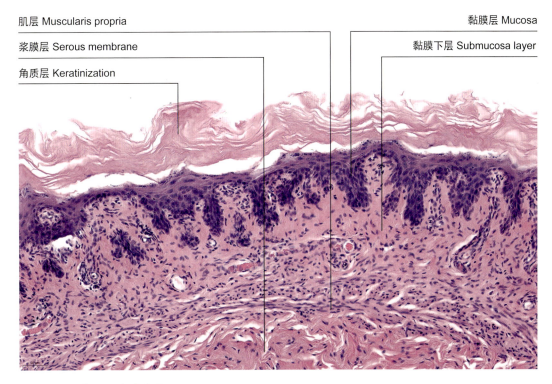

图3-16　胃囊（马来穿山甲，20×）

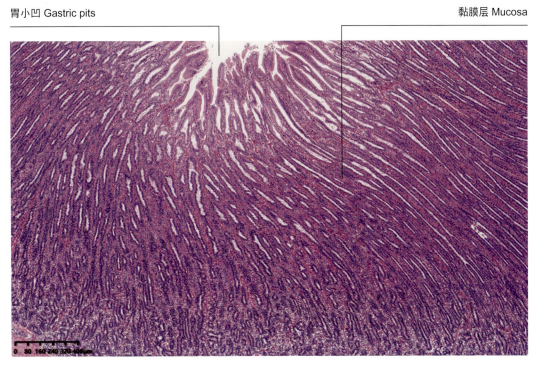

图3-17　胃底腺（马来穿山甲，4×）

黏膜上皮细胞 Gastric mucosal epithelial cell

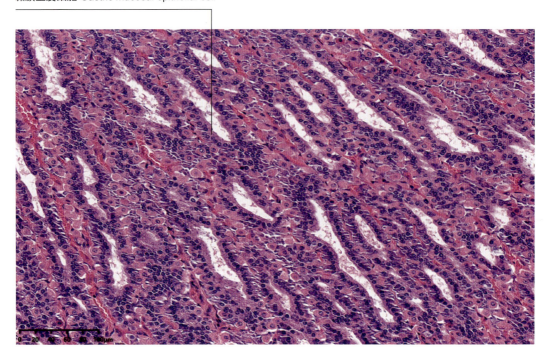

图3-18　胃底腺（马来穿山甲，20×）

平滑肌细胞核 Smooth muscle nucleus　　　　　　　　　平滑肌细胞 Smooth muscle cells

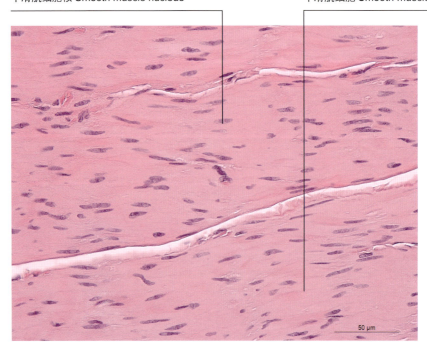

图3-19　胃平滑区（中华穿山甲，幽门区，20×）

表皮黏膜角化层角化过度，角化层内可见大量中性粒细胞浸润（黑色箭头），局部黏膜溃疡，黏膜下层平滑肌大面积溶解、坏死（图3-20、图3-21）。

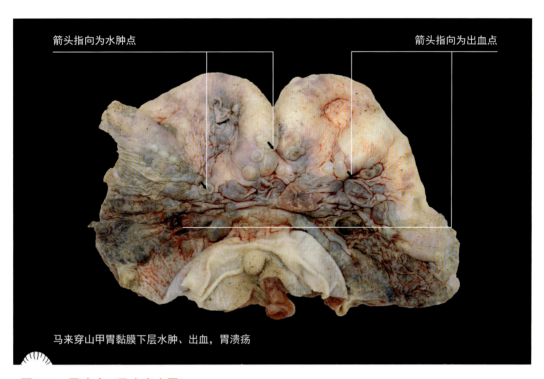

图3-20　胃溃疡（马来穿山甲）

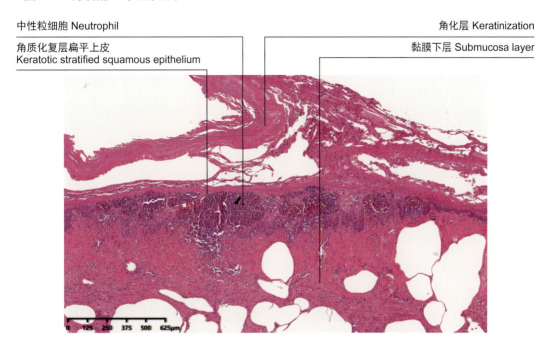

图3-21　胃溃疡（马来穿山甲，贲门区，4×）

（四）肠

穿山甲的肠（Intestine）包括十二指肠、空肠、回肠、结肠、直肠，虽无盲肠但存在回盲韧带（图3-22）。马来穿山甲的回盲韧带长于中华穿山甲。两种穿山甲的肠其余部位无明显差异。

成年穿山甲肠道长度为268～370cm（马来穿山甲，$n=7$），亚成体穿山甲的肠道长度为235～255cm（中华穿山甲，$n=2$），如图3-23。

回盲系带是大肠小肠的连接处（图3-24）。小肠始于幽门终止于盲结口；十二指肠位于小肠近段，从胃的幽门部延伸至空肠；空肠位于十二指肠与回肠之间，是小肠中最长的一段；回肠很短，是小肠的末段（图3-25至图3-41）。

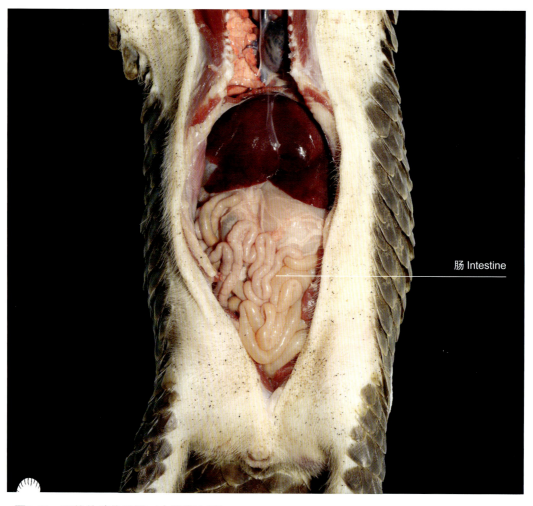

图3-22　肠的体腔位置图（中华穿山甲）

第三章
消化系统

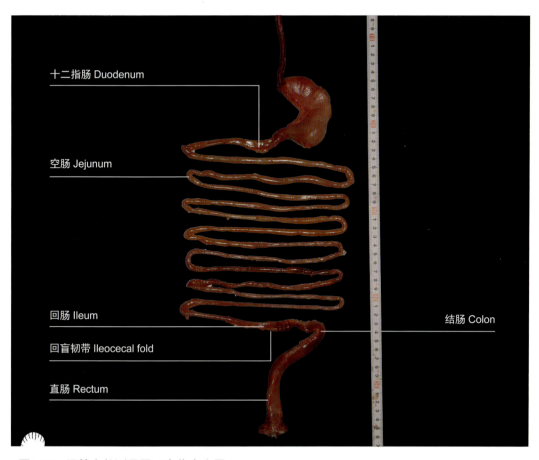

图3-23　肠管全长测量图（中华穿山甲）

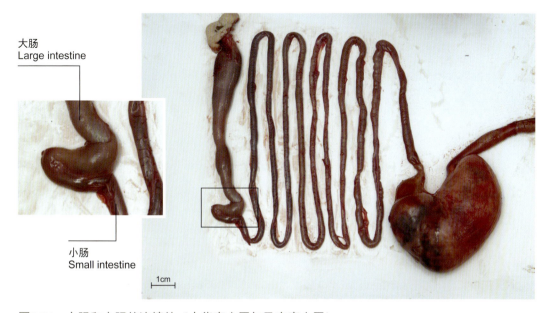

图3-24　大肠和小肠的连接处（中华穿山甲与马来穿山甲）

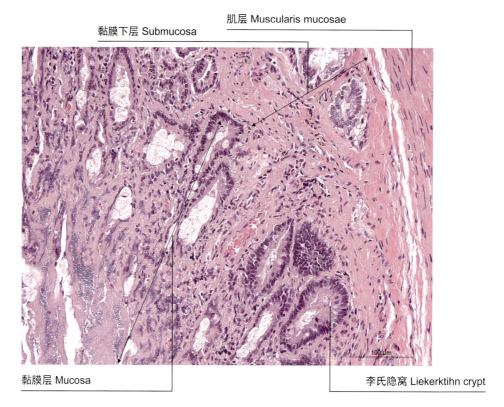

图3-25 十二指肠（中华穿山甲，10×）

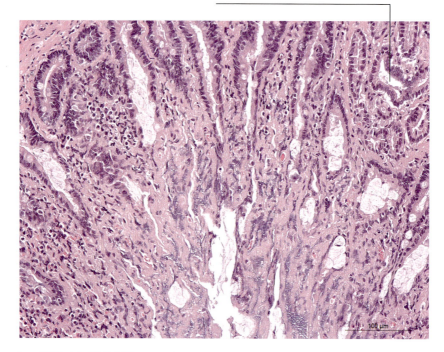

图3-26 十二指肠（中华穿山甲，10×）

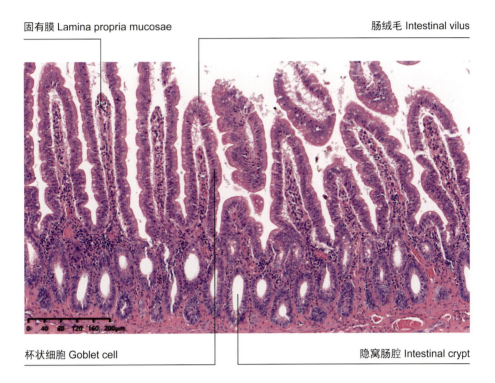

图3-27 十二指肠（中华穿山甲，10×）

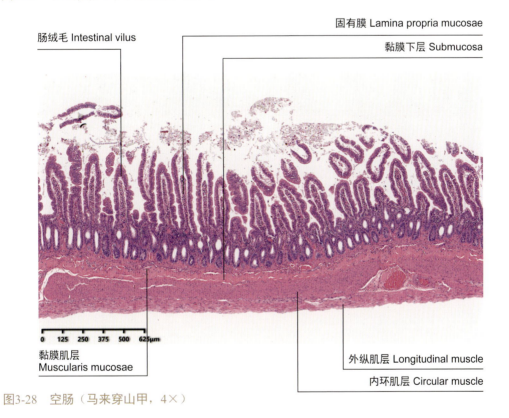

图3-28 空肠（马来穿山甲，4×）

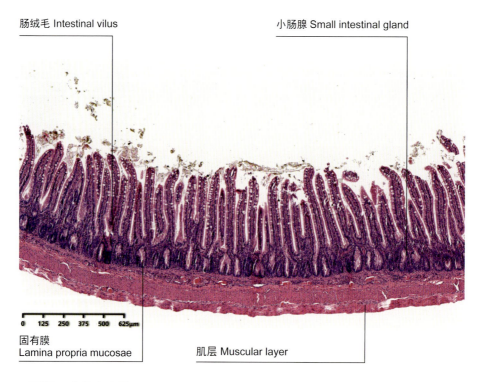

图3-29 回肠 （中华穿山甲，4×）

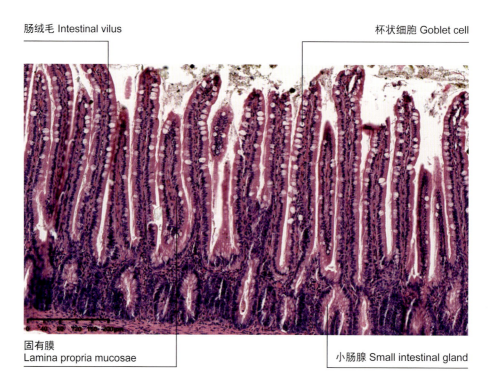

图3-30 回肠 （中华穿山甲，10×）

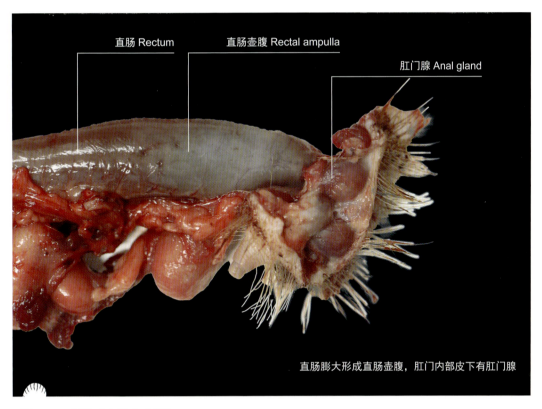

图3-31　直肠（中华穿山甲）

图3-32　直肠肠壁出血坏死（中华穿山甲）

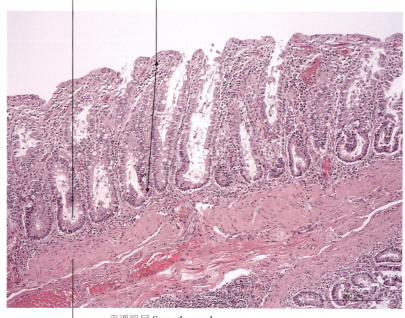

图3-33 直肠（中华穿山甲，5×）

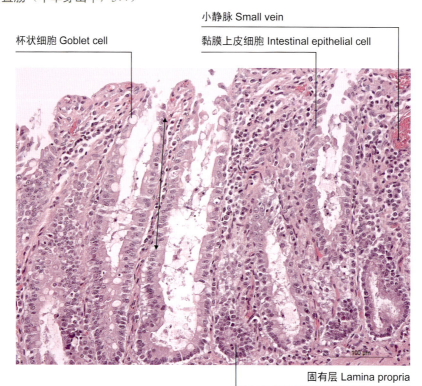

图3-34 结直肠（中华穿山甲，10×）

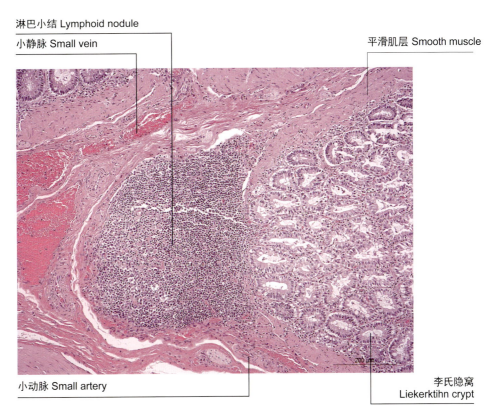

图3-35　结肠（中华穿山甲，5×）

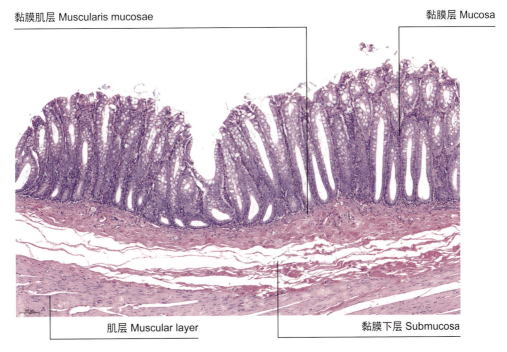

图3-36　结肠（马来穿山甲，10×）

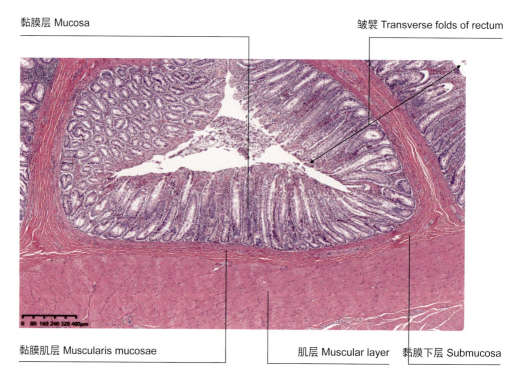

图3-37 直肠（马来穿山甲，4×）

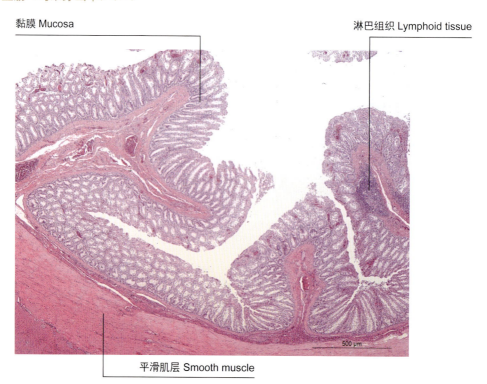

图3-38 小肠与大肠的连接肠段（"U"形结构如图3-24）（中华穿山甲，2×）

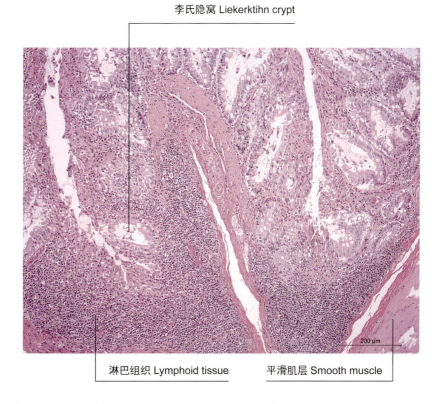

图3-39　小肠与大肠的连接肠段（"U"形结构）（中华穿山甲，5×）

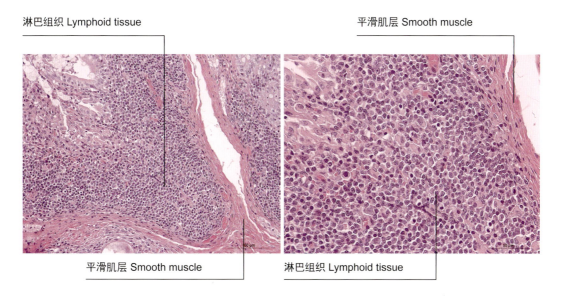

图3-40　小肠与大肠的连接肠段（"U"形结构）（中华穿山甲，10×）　图3-41　小肠与大肠的连接肠段（"U"形结构）（中华穿山甲，20×）

二、消化腺

（一）颌下腺

穿山甲的颌下腺（Submandibular gland）成对存在，位于颌下，通过腺管导入口腔。其分泌黏液性透明唾液。两种穿山甲的颌下腺无明显区别（图3-42至图3-45）。

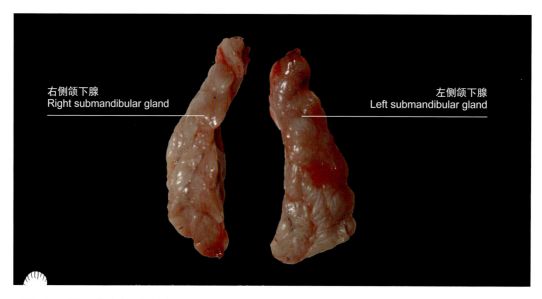

图3-42　颌下腺（中华穿山甲）

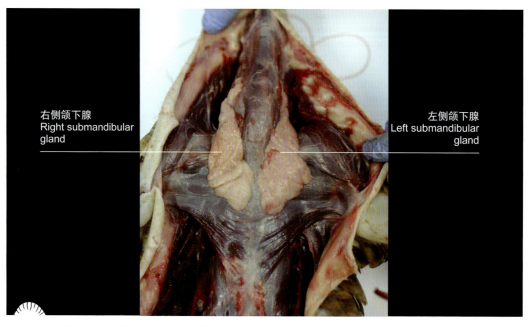

图3-43　颌下腺原位图（马来穿山甲）

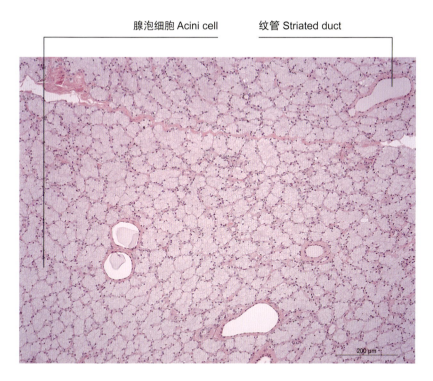

图3-44 颌下腺(中华穿山甲,5×)

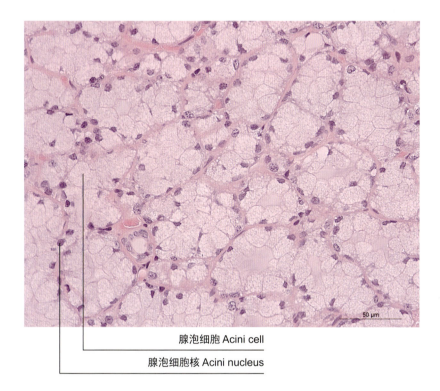

图3-45 颌下腺(中华穿山甲,20×)

（二）肝脏和胆囊

穿山甲的肝（Liver）位于季肋内部，紧贴膈的后部，具有朝向膈的膈面和朝向其他腹腔脏器的脏面（图3-46至图3-53）。肝可分为左、中、右三叶。左叶包括左外叶、左内叶，右叶包括右外叶、右内叶，中叶以肝门为界分为方叶和尾叶。

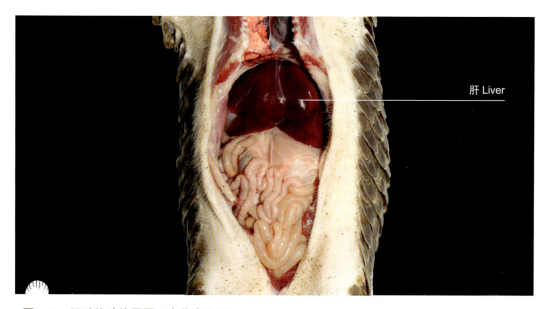

图3-46　肝脏体腔位置图（中华穿山甲）

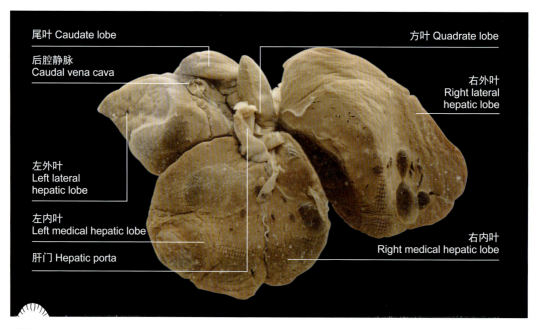

图3-47　肝脏（马来穿山甲，脏面）

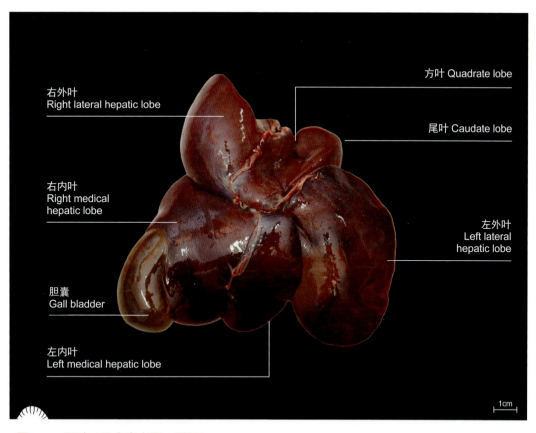

图3-48 肝脏（马来穿山甲，膈面）

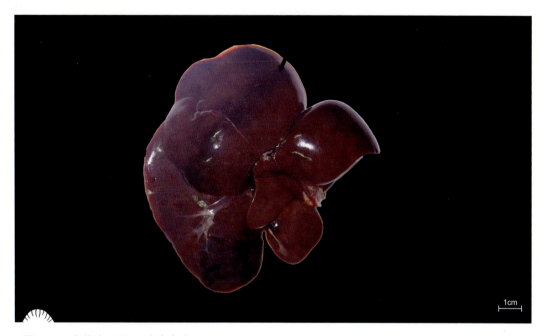

图3-49 中华穿山甲肝脏病变出血

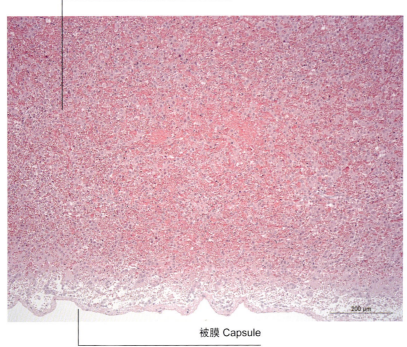

图3-50 肝（中华穿山甲，5×）

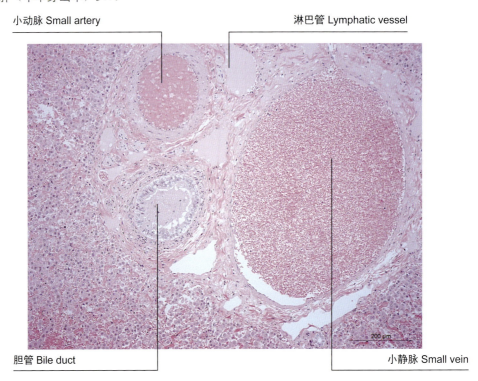

图3-51 肝（中华穿山甲，5×）

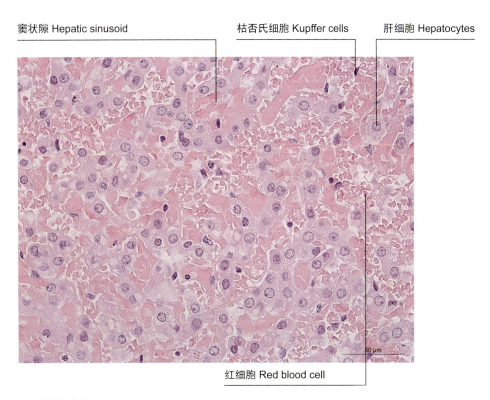

图3-52 肝（中华穿山甲，20×）

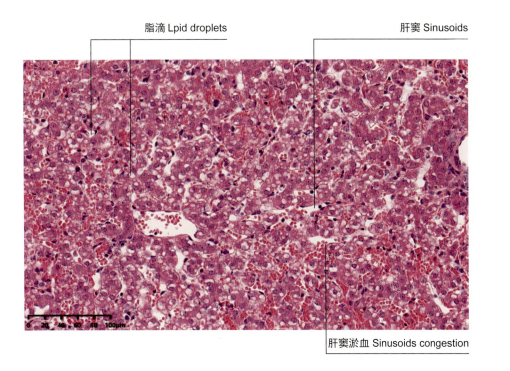

图3-53 肝脂肪变性（中华穿山甲，20×）

穿山甲的胆囊（Gall bladder）呈梨形，位于肝的脏面、接近于肝门的凹窝中（图3-54至图3-57）。肝外胆管包括源于肝的肝管和至胆囊的胆囊管以及至十二指肠的胆管，胆管沿十二指肠进入胃。两种穿山甲的胆囊无明显差异。

图3-54　胆管（马来穿山甲）

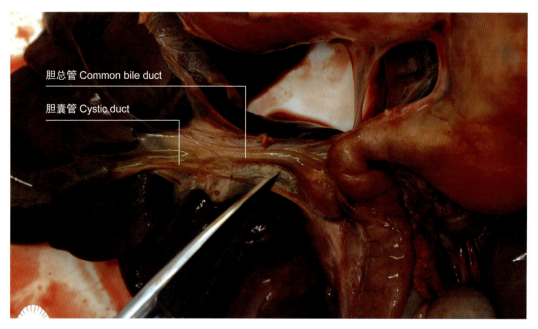

图3-55　胆管（马来穿山甲）

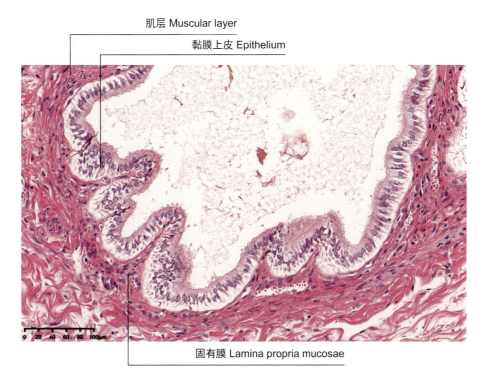

图3-56　胆管（马来穿山甲，10×）

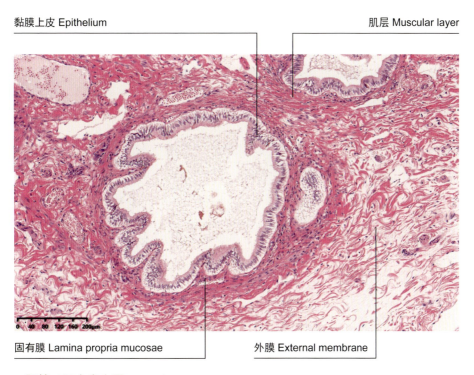

图3-57　胆管（马来穿山甲，20×）

（三）胰腺

穿山甲胰腺（Pancreas）分为胰体、胰左叶和胰右叶，胰管同肝管开口于十二指肠。两种穿山甲的胰腺无明显差别（图3-58至图3-61）。

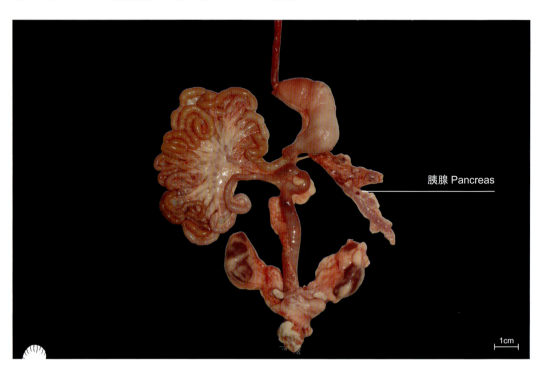

图3-58　胰脏位置图（中华穿山甲）

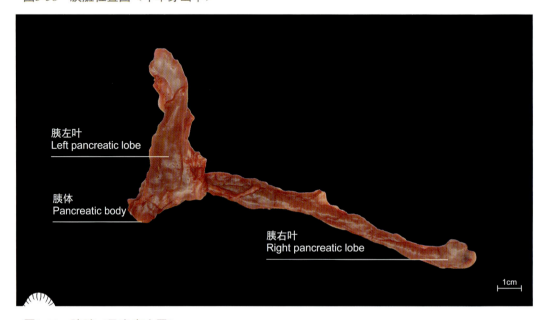

图3-59　胰脏（马来穿山甲）

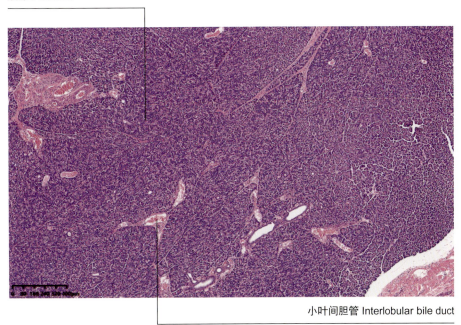

图3-60 胰腺（马来穿山甲，4×）

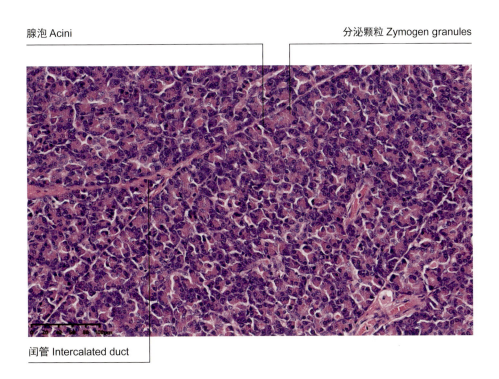

图3-61 胰腺（马来穿山甲，20×）

第四章

呼吸系统

一、呼吸道

(一) 鼻

鼻是呼吸道的起始部分，对吸入的空气有温暖、湿润和清洁作用；同时又是嗅觉器官。鼻位于口腔背侧，分为外鼻、鼻腔和鼻旁窦三部分。

两种穿山甲的鼻腔呈漏斗，从外到内逐渐变宽，前方经鼻孔与外界相通，后方以鼻后孔与咽相通（图4-1）。鼻孔一对，位于鼻尖，由内、外侧抖翼围成。鼻腔被鼻中隔分为左、右两半。鼻中隔主要由筛骨垂直板和鼻中隔软骨组成。鼻腔分为鼻前庭和固有鼻腔。

鼻前庭是鼻腔前部衬有皮肤的部分，相当于鼻翼围成的空间。固有鼻腔位于鼻前庭后方。每侧鼻腔侧壁上附有上、下鼻甲，将鼻腔分为3个鼻道：上鼻道位于鼻腔顶壁与上鼻甲之间，狭窄，后端通嗅区；中鼻道位于上、下鼻甲之间，通鼻旁窦；下鼻道位于下鼻甲与鼻腔底壁之间，最宽，直接通鼻后孔。上、下鼻甲与鼻中隔之间形成总鼻道，与以上3个鼻道相通。穿山甲上鼻甲较小，下鼻甲较大，下鼻甲大小为上鼻甲的2～3倍，鼻甲骨主要呈现出蛋卷状。

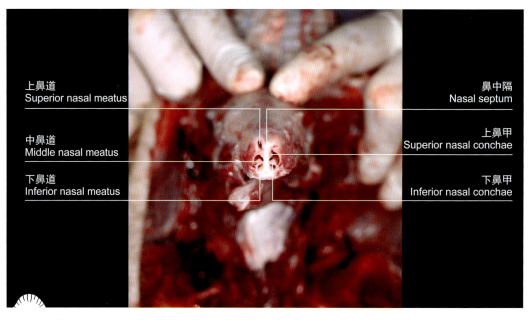

图4-1　鼻（马来穿山甲）

（二）咽喉、气管和支气管

气管和支气管为圆筒状长管，由软骨环构成支架。气管位于颈腹侧中线，由喉向后延伸，经胸前口入胸腔，分为左、右两条主支气管，分别经肺门进入左、右肺。气管壁由黏膜、黏膜下层组织和外膜构成。黏膜的上皮为假复层柱状纤毛上皮。环状软骨未见闭合呈"C"形，为透明软骨且开口位于背面。穿山甲气管位于左右肺中间、食道的背面，食道与气管有一层黏膜包裹（图4-2）。

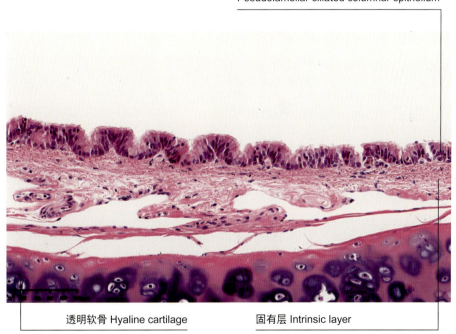

图4-2 气管（马来穿山甲，10×）

二、肺

穿山甲肺位于胸腔内、纵隔的两侧，边缘呈现光滑钝状；肋面隆起，呈"凸"状，与胸腔侧壁接触；膈面较薄，呈"凹"状，与膈肌相贴；内侧为纵膈面，较平，是支气管、血管、淋巴管和神经出入肺的地方。肺根据纵隔可以分为左肺与右肺，左肺比右肺大，根据叶间裂，可以把肺分成若干个肺叶：右肺有3片肺叶，分别为右前叶、右中叶、右后叶；左叶有2片肺叶，分别为左前叶、左后叶。穿山甲肺部存在副叶，位于右肺的内侧，而心脏位于左肺（图4-3至图4-6）。

呼吸系统疾病是救护穿山甲常见的疾病之一，如肺水肿、肺炎（图4-7）。

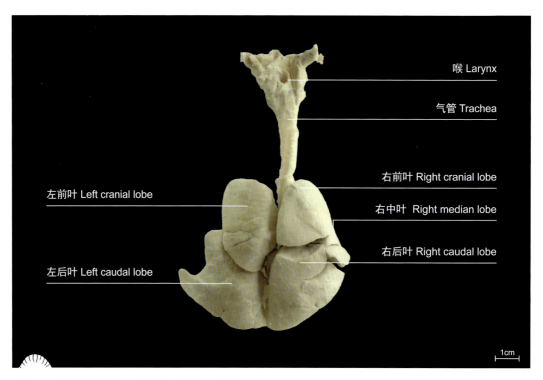

图4-3 肺浸制标本（马来穿山甲，肋面）

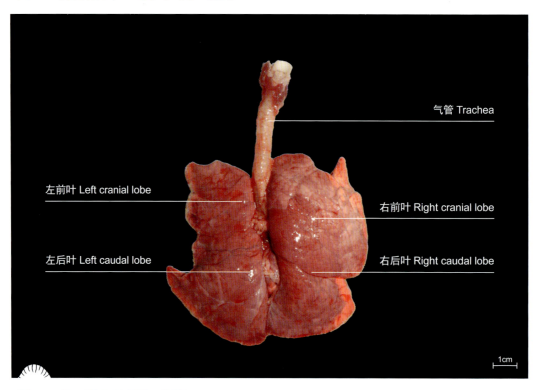

图4-4 肺（马来穿山甲，肋面）

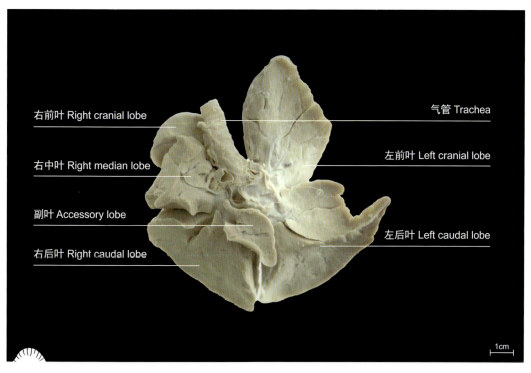

图4-5 肺浸制标本（马来穿山甲，膈面）

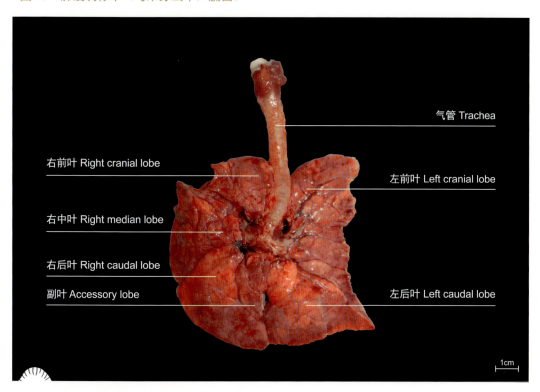

图4-6 肺（马来穿山甲，膈面）

肺表面被覆一层浆膜，称为肺胸膜。浆膜下结缔组织伸入肺内形成肺间质，将肺组织分隔成许多肺小叶。左、右主支气管经肺门入肺后分出肺叶支气管，肺叶支气管分出肺段支气管，如此反复分支，形成各级小支气管。当管径细至1mm以下时，称为细支气管（图4-8）。细支气管继续反复分支，管径至0.5mm以下时，称为终末细支气管。终末细支气管再次分支，管壁上出现肺泡开口，称为呼吸性细支气管。后者进一步分支形成大量肺泡开口，致使管壁失去原有的连续结构，称为肺泡管。由数个肺泡围成的结构称肺泡囊（图4-9）。由于支气管在肺内反复分支成树状，故名支气管树。每个细支气管连同其所属分支和周围的肺泡共同组成一个肺小叶（图4-10）。

肺病变组织如图4-7所示，为穿山甲肺部病变组织，主要表现为肺表面具有一层白色透明薄膜，边缘出现虾肉样变，主要表现为白色且病变界限明显。该病变区病理切片显示为炎性细胞浸润，主要的炎性细胞以中性粒细胞及巨噬细胞为主，考虑为心力衰竭所引起的肺部的继发性感染的症状，肺脏的炎症可能是机体感染细菌引起（图4-11至图4-14）。

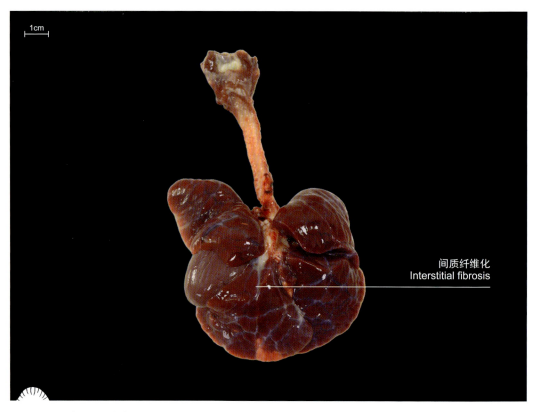

图4-7 由慢性心脏衰竭引起的肺水肿和出血（马来穿山甲，肋面）

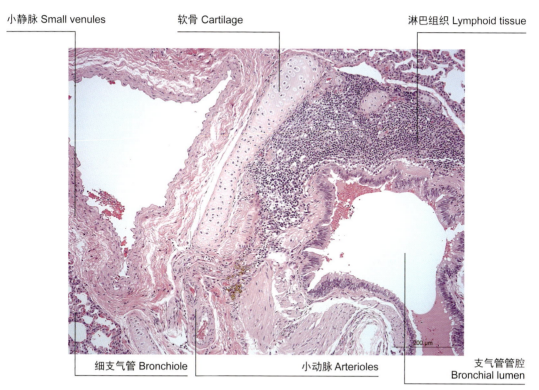

图4-8 肺（马来穿山甲，10×）

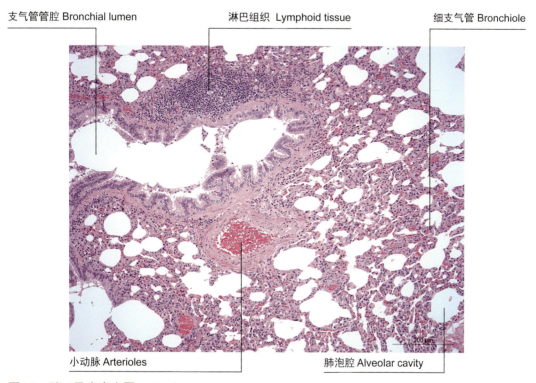

图4-9 肺（马来穿山甲，10×）

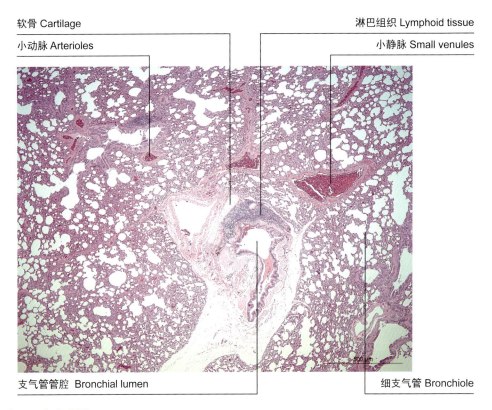

图4-10 肺（马来穿山甲，10×）

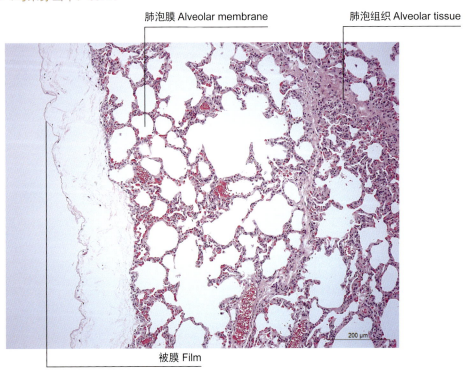

图4-11 肺（马来穿山甲，10×）

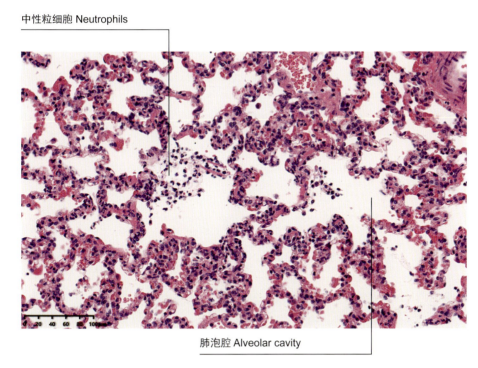

图4-12 间质性肺炎(马来穿山甲,20×)

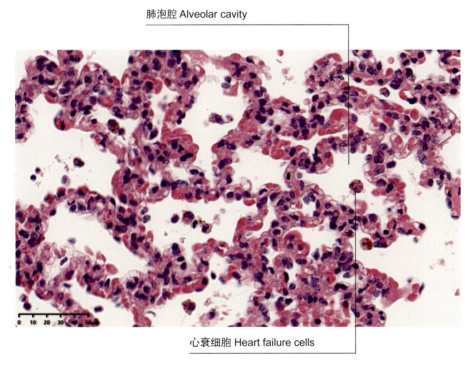

图4-13 间质性肺炎(马来穿山甲,20×)

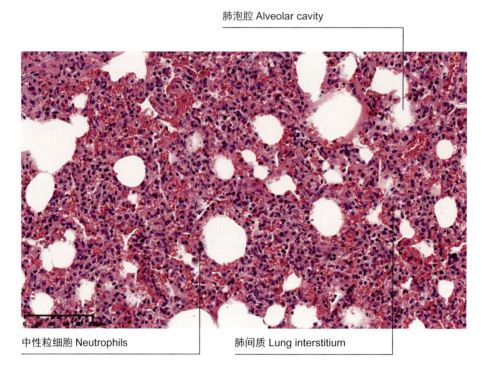

图4-14 间质性肺炎（马来穿山甲，20×）

第五章

泌尿系统

穿山甲泌尿系统的器官包括肾脏（Kidney）、输尿管（Ureter）、膀胱（Urinary bladder）和尿道（Urethra）（图5-1、图5-2）。成对的肾脏通过对肾内血液循环系统的过滤、分泌、重吸收以及浓缩作用产生尿液，输尿管则把产生的尿液运送至膀胱储存，经尿道排出体外。

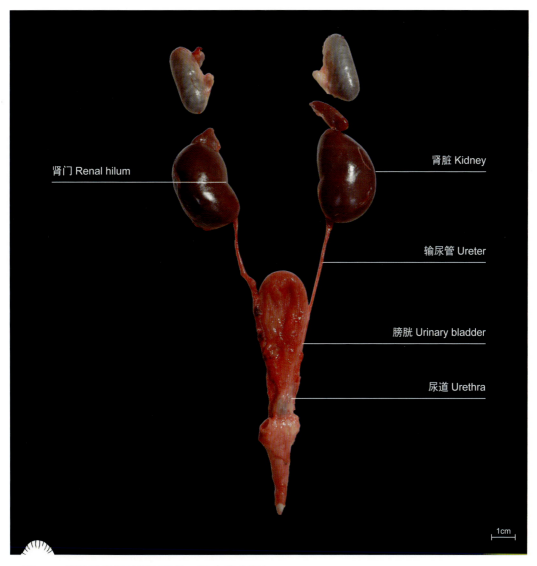

图5-1　雄性泌尿系统解剖结构（马来穿山甲）

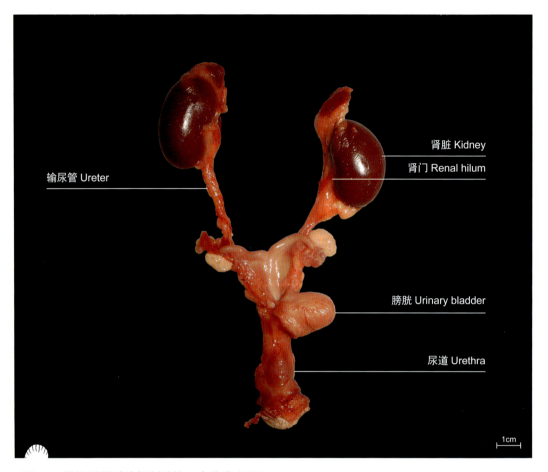

图5-2 雌性泌尿系统解剖结构（中华穿山甲）

一、肾脏

穿山甲的肾脏位于脊柱两侧的腹腔背侧下的腹膜后区，位于腰区。穿山甲的右侧肾脏靠前，其前端与肝相接，位于肝陷窝；左侧肾脏靠后，位于第3至第5腰椎、腹主动脉和后腔静脉两侧（图5-3至图5-6）。健康动物肾脏纤维囊容易剥离。

穿山甲的肾脏与犬、猫、绵羊、山羊的肾脏相似，呈现豆形。肾脏的描述可以描述为背（侧）面、腹（侧）面、外（侧）缘和内（侧）缘、前端和后端。

肾脏实质由若干个肾叶组成。每个肾叶分为浅部的皮质和深部的髓质。皮质因富于血管，新鲜标本呈红褐色，切面上可见许多纵向条纹，它由许多肾小管构成。呈现圆锥形的髓质部分叫肾锥体。深入相邻肾锥体之间的皮质，在肾的切面上称为肾柱。肾锥体的顶形成肾乳头，乳头上有许多乳头孔，形成筛区，与肾盏或肾盂相对。

肾髓质由颜色较深的外区和较浅的内区构成，呈条纹状射线，并延伸至肾窦。

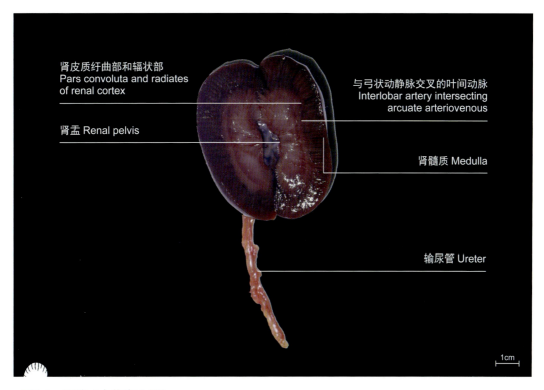

图5-3　肾脏（中华穿山甲）

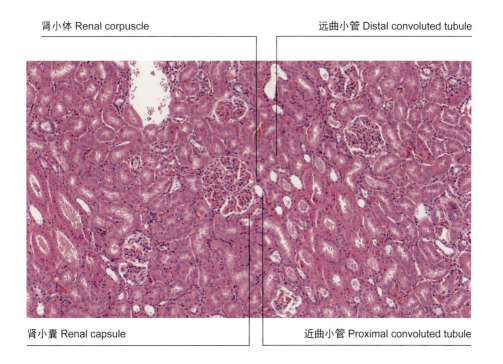

图5-4　肾脏（中华穿山甲，20×）

肾小球 Glomerulus

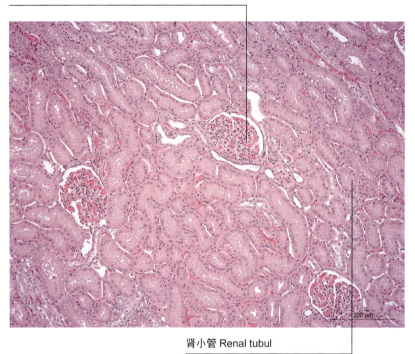

肾小管 Renal tubul

肾小管上皮细胞
Renal tubular epithelial cell　　　　　　　　　　　　　　　小静脉 Small vein

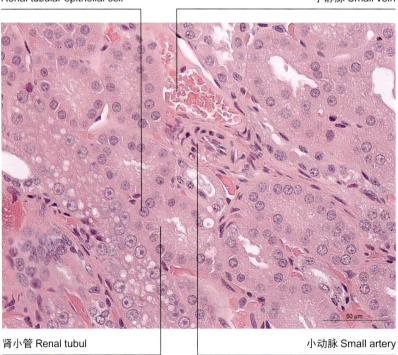

肾小管 Renal tubul　　　　　　　　　　　　　　　　　　　小动脉 Small artery

图5-5　肾脏组织学切片（中华穿山甲，20×）

被膜 Capsule

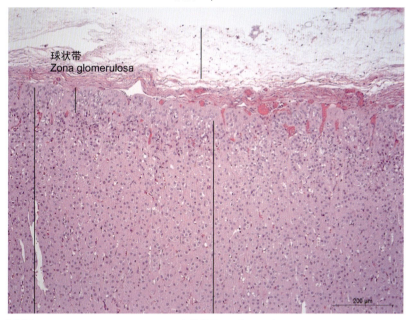

球状带 Zona glomerulosa

皮质区 Renal cortex　　　束状带 Zona fasciculata

皮质区 Renal cortex

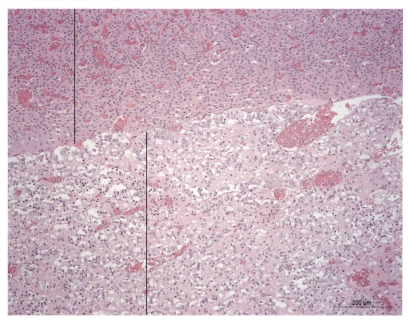

髓质区 Renal medulla

图5-6　肾脏组织学切片（中华穿山甲，20×）

二、输尿管

输尿管是肌性管道，沿背侧体壁的腹膜后间隙向后穿行，可分为腹部和盆部（图5-7、图5-8）。进入盆腔后雌性动物的输尿管向内侧转行于子宫阔韧带，雄性动物的输尿管在骨盆腔内位于尿生殖褶中，与输精管交叉，向后伸达膀胱颈背侧，最后穿入膀胱壁。

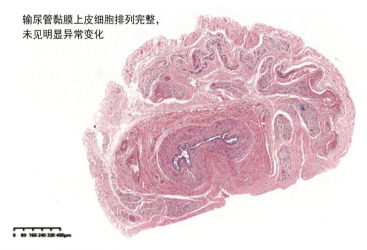

图5-7 输尿管切片（马来穿山甲，4×）

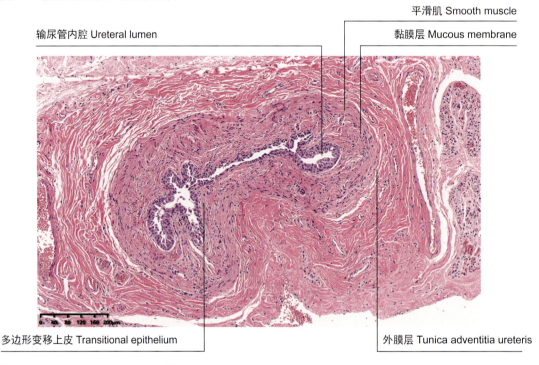

图5-8 输尿管切片（马来穿山甲，10×）

三、膀胱

膀胱是中空的肌膜性囊状器官（图5-9）。它的形状、大小和位置随着储尿量的多少和收缩程度而变化，收缩时成小球状位于耻骨部。膀胱随着储尿量的增加逐渐增大而呈梨形。雄性动物的膀胱背侧与直肠、尿生殖褶、输精管末端、精囊腺及前列腺相接。雌性动物的膀胱背侧接子宫和阴道。

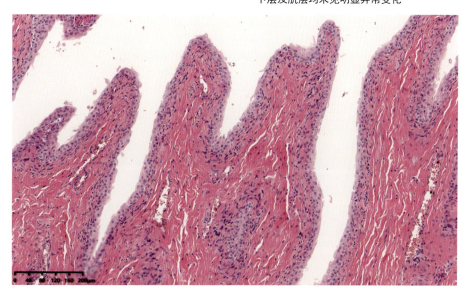

膀胱上皮由变移上皮组成，结构正常，黏膜下层及肌层均未见明显异常变化

图5-9　膀胱组织切片（马来穿山甲，10×）

四、尿道

雌性动物的尿道仅用来输送尿液，而雄性动物还兼有输送尿液、精子和其他分泌物的作用。雌性动物的尿道从盆骨底部向后延伸至生殖道，斜行穿过阴道壁，开口于阴道与阴道前庭交界处的腹侧壁的尿道外口。

雄性动物的尿道从膀胱颈内口延伸到阴茎末端，可分为骨盆部和阴茎部。尿道的骨盆部始于膀胱颈内口。其前列腺位于尿道外壁腹侧，靠近精囊腺前端，一个卵圆形膨大的尿道嵴突入尿道腔，两侧有缝隙状的输精管开口。

肾小管上皮细胞变性、肿胀（黑色箭头），大量肾小管呈蛋白管型（黄色箭头），肾小管内也可见炎性细胞

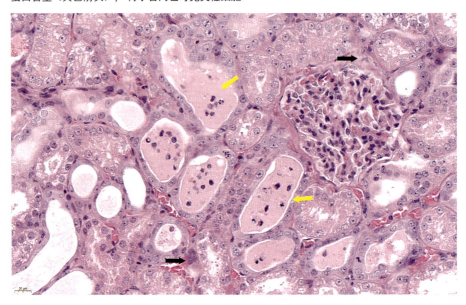

图 5-10　肾脏坏死切片（马来穿山甲，40×）

肾小管上皮细胞坏死，管腔内可见红色至橘红色物质（黑色箭头）

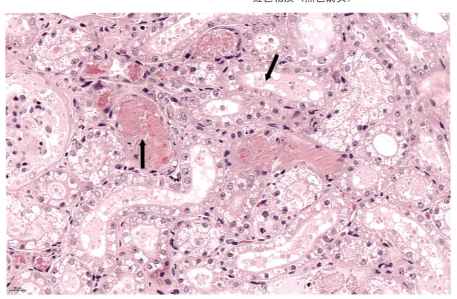

图5-11　肾脏坏死切片（马来穿山甲，40×）

第六章

生殖系统

生殖系统的功能是产生生殖细胞（精子或卵子），分泌性激素，繁殖新个体，延续后代，包含雄性生殖系统和雌性生殖系统。

一、雄性生殖系统

雄性穿山甲生殖器官主要由睾丸、附睾、输精管、精索、副性腺、阴茎以及包皮组成（图6-1至图6-3）。

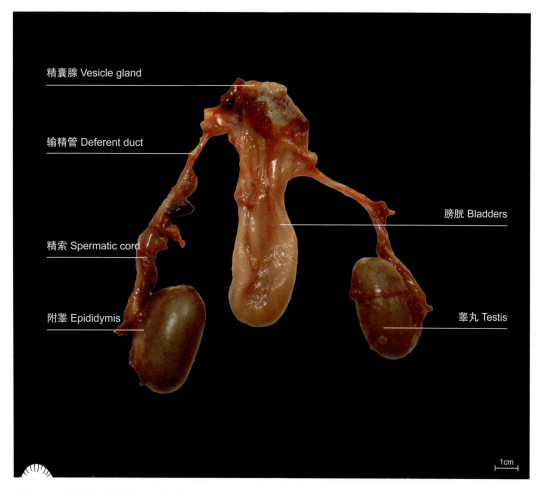

图6-1 雄性生殖系统（马来穿山甲）

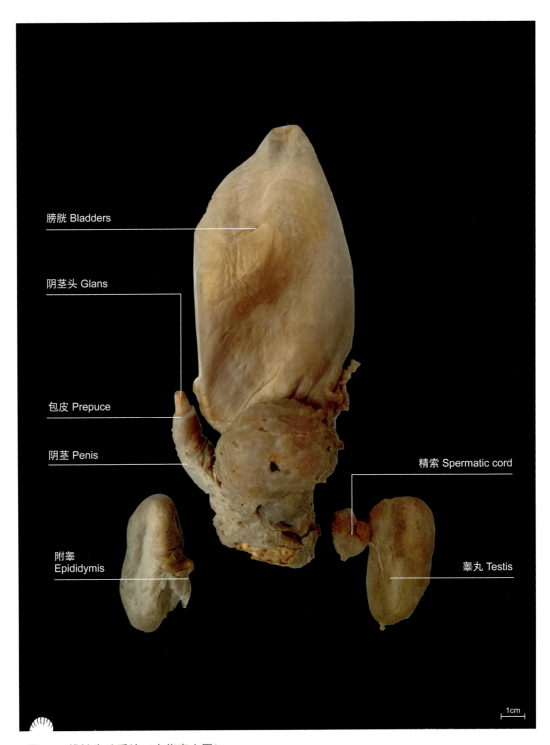

图6-2 雄性生殖系统（中华穿山甲）

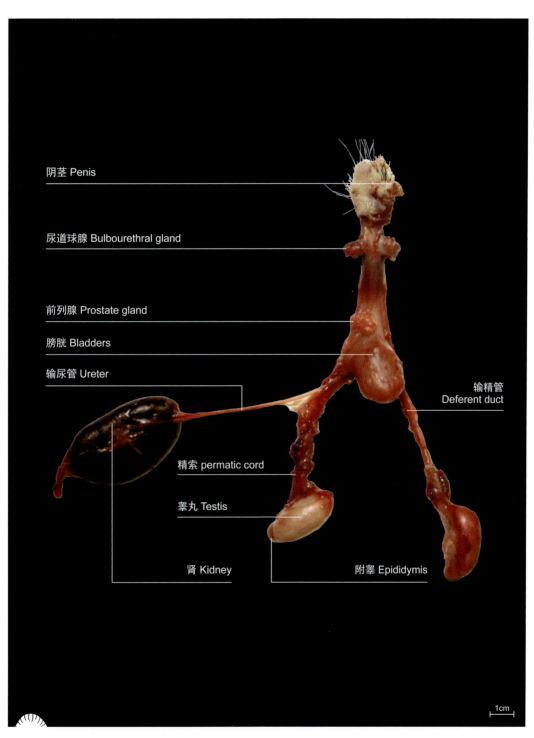

图6-3 雄性生殖系统（马来穿山甲）

（一）睾丸

睾丸（Testis）是雄性穿山甲的主要性器官（图6-4、图6-5）。穿山甲睾丸所在位置与常见畜禽不同，位于两侧腹股沟内，为隐睾，左右各一，无阴囊。其有产生精子和分

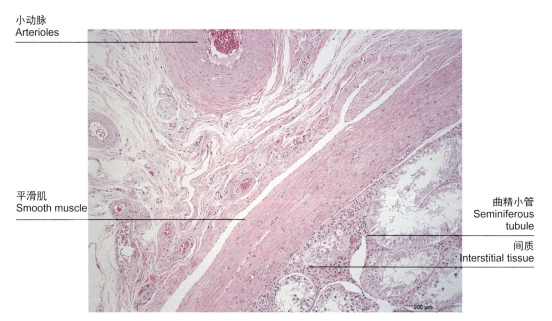

图6-4 睾丸（中华穿山甲，40×）

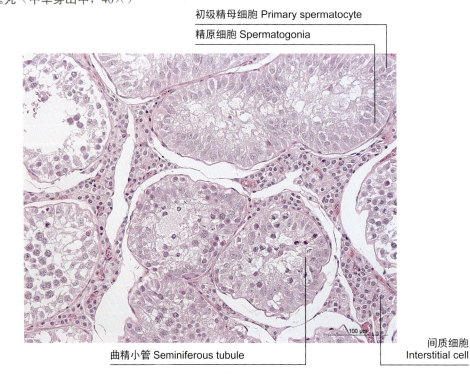

图6-5 睾丸组织切片（中华穿山甲，20×）

泌雄性激素的作用，前者传递遗传信息，后者可促进第二性征的出现和其他生殖器官的发育。睾丸一般呈椭圆形，表面光滑，外层附有白膜。附有附睾的一侧称为附睾缘，另侧为游离缘。血管和神经进入的一端为睾丸头，与附睾头相连；另一端为睾丸尾，以睾丸固有韧带（Proper ligament of testis）与附睾尾相连。

（二）附睾

附睾（Epididymis）是贮存精子和精子进一步发育的场所。附睾位于睾丸的附睾缘一侧，分为附睾头（Head of the epididymis）、附睾体（Body of the epididymis）以及附睾尾（Tail of the epididymis）（图6-6）。附睾头膨大，由睾丸输出小管构成。输出小管汇聚成一条粗而长的附睾管，盘曲而成附睾体和附睾尾，在附睾尾处管径增大，最后延续为输精管。附睾尾同样膨大，凭借睾丸韧带与睾丸尾部相连，借助附睾尾韧带（又称阴囊韧带）与阴囊相连。在附睾的表面也被覆有固有鞘膜和薄的白膜。

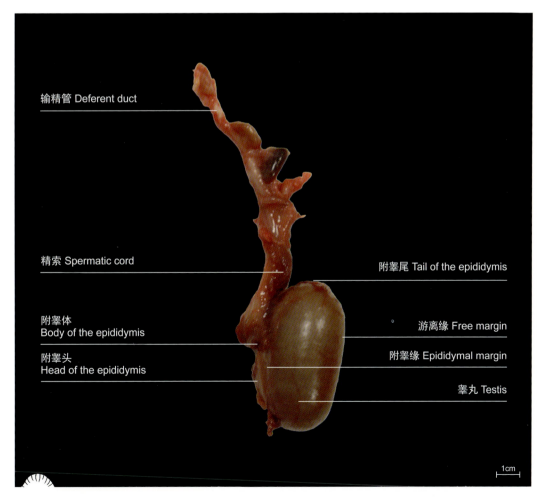

图6-6　睾丸与附睾（马来穿山甲）

（三）输精管

输精管（Deferent duct）是传输精子的管道。起始于附睾管，由附睾尾进入精索后缘内侧的输精管褶中始，经腹股沟管上行至腹腔，随即向后进入骨盆腔，末端与精囊腺导管合并成短的射精管，或者与精囊腺导管一同汇于尿生殖道起始部背侧壁的精阜上。

（四）精索

精索（Spermatic cord）为圆锥形索状结构，由进入睾丸的脉管、神经、提睾肌以及输精管等结构组成，外面包以固有鞘膜。精索基部较宽，附着于睾丸和附睾上，向上逐渐变细，顶端达腹股沟管内口（腹环）。

（五）副性腺

雄性穿山甲的副性腺包括精囊腺、尿道球腺以及前列腺。

（1）精囊腺

精囊腺（Vesicle gland）为一对，左右各一个，位于膀胱颈背侧的尿生殖褶中，在输精管的外侧。每侧精囊腺导管与同侧输精管共同开口于精阜。

（2）前列腺

前列腺（Prostate gland）位于尿生殖道起始部背侧，以多数小孔开口于精阜周围。前列腺随年龄的增长而改变，幼龄时较小，性成熟时较大，年老时又逐渐退化。

（3）尿道球腺

尿道球腺（Bulbourethral gland）一对，位于尿生殖道骨盆部末端，坐骨弓附近。

（六）阴茎

阴茎（Penis）为雄性中华穿山甲排尿、排精以及担负交配功能的器官，位于腹底壁皮下，起自坐骨弓，经两股之间，沿中线向前延伸（图6-7）。阴茎分为阴茎根、阴茎体和阴茎头三部分。穿山甲阴茎呈锥状，由基部至顶部逐渐收缩，长度在3～7cm（n=13），周围阴毛并不旺盛。

（七）包皮

穿山甲包皮（Prepuce）为下垂于腹底壁的皮肤折转而形成的管状鞘，有包纳和保护阴茎的作用。包皮的游离缘围成包皮口（Preputial opening），包皮口位于阴茎外围顶端，开口朝前，周围长有毛，一般包裹住阴茎头部；包皮外层为腹壁皮肤，在包皮口处向包皮腔折转，形成包皮内层。两层之间含有前后两对发达的包皮肌，可将包皮向前后方向牵引。穿山甲包皮一般较长，保护住整个阴茎。

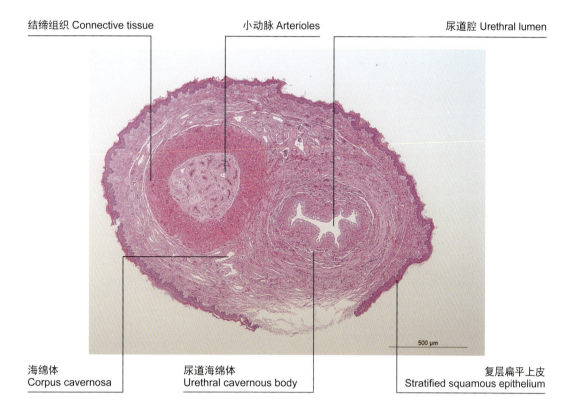

图6-7 阴茎组织切片（中华穿山甲，10×）

二、雌性生殖系统

雌性穿山甲生殖器官包括卵巢、输卵管、子宫、阴道、尿生殖前庭和阴门（图6-8）。

（一）卵巢

穿山甲的卵巢位于腹腔脊柱两侧肾的下方，卵巢系膜悬挂于子宫阔韧带，并借卵巢悬韧带和卵巢固有韧带与盆腔侧壁及子宫相连。穿山甲的卵巢为一对"桑葚状"器官（图6-9），有血管和神经由卵巢门出入卵巢。卵巢的内部结构可分为皮质和髓质（图6-10）。皮质主要由卵泡和结缔组织构成；髓质由疏松结缔组织构成，其中有许多血管、淋巴管和来自卵巢神经丛和子宫神经丛的神经。

穿山甲卵巢表层白膜明显，由薄层致密结缔组织构成，未发现表面上皮细胞。白膜内侧有大量原始卵泡，位于皮质浅层，数量较多，体积较小；中央有一较大的初级卵母细胞，核大而圆，染色较浅，核仁明显，周围有一圈扁平的卵泡细胞，细胞界限不明显（图6-11、图6-12）。

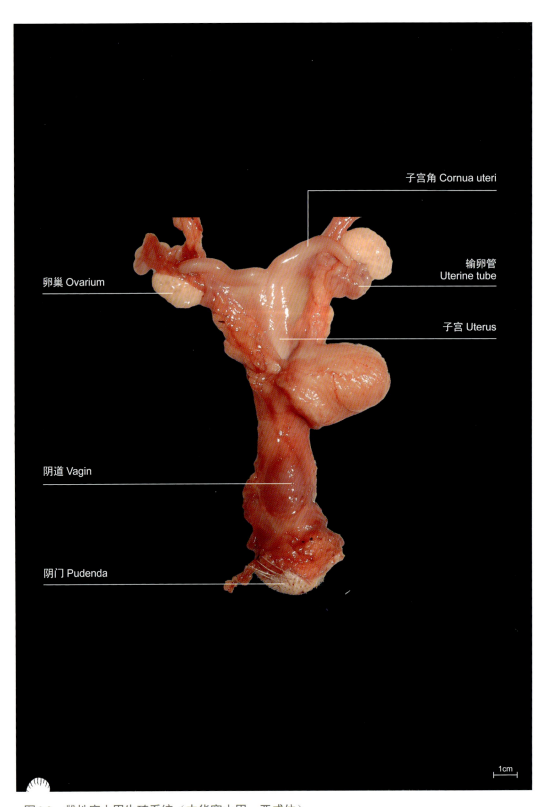

图6-8 雌性穿山甲生殖系统（中华穿山甲，亚成体）

第六章 生殖系统

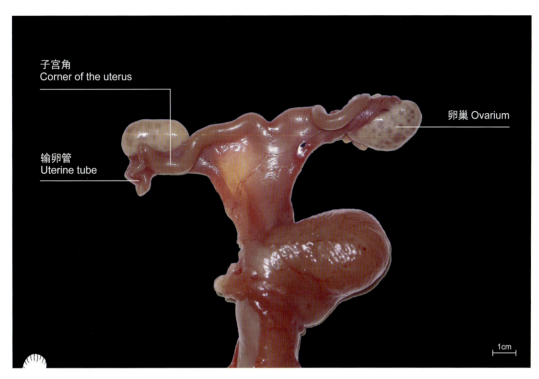

图6-9 卵巢（中华穿山甲，亚成体）

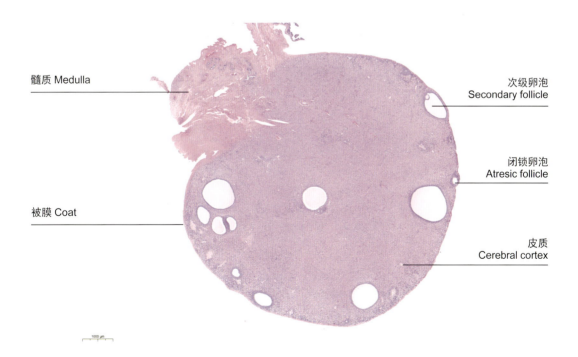

图6-10 卵巢（马来穿山甲，1.5×）

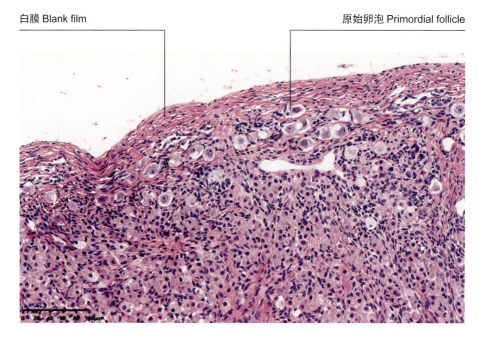

图6-11 卵巢(马来穿山甲,20×)

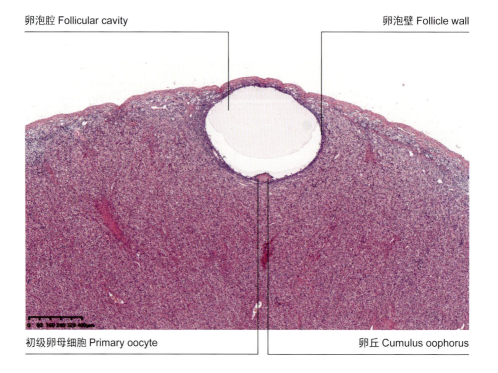

图6-12 初级卵泡(马来穿山甲,4×)

（二）输卵管

穿山甲输卵管（Uterine tube）是一条多弯曲的细管，位于子宫角和卵巢之间，输卵管分为三部分。输卵管漏斗：位于最前端，漏斗的边缘不规则，呈伞状，称输卵管伞；伞的中央有一小的输卵管腹腔口。输卵管壶腹：较长，稍膨大，管壁薄而弯曲。输卵管峡：较短，细而直，管壁较厚，末端以输卵管子宫口与子宫角相通连。

（三）子宫

子宫（Uterus）是胎儿生长发育和娩出的器官。穿山甲的子宫属双间子宫，分为子宫角、子宫体和子宫颈三部分。子宫大部分位于腹腔内，小部分位于骨盆腔内，被子宫阔韧带所固定，内有丰富的结缔组织、血管、神经及淋巴管（图6-13、图6-14）。

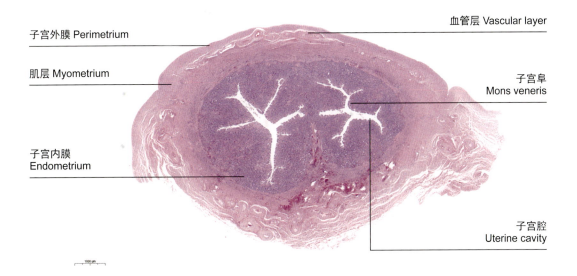

图6-13　子宫组织学结构（马来穿山甲，1.5×）

当雄性穿山甲的精子与成熟的卵子结合时，即可使雌性穿山甲怀孕，进入妊娠状态。胎儿将在雌性穿山甲的子宫内完成发育。幼体出生体长在20～30cm，体重在80～170g（$n=8$）。妊娠穿山甲的子宫见图6-15。

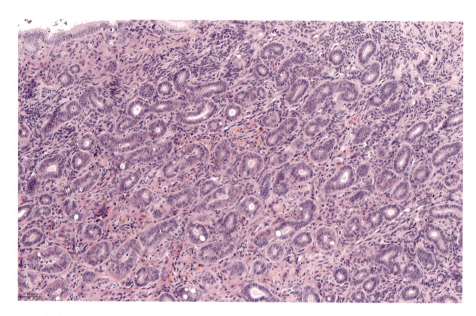

图6-14 子宫腺结构（马来穿山甲，20×）

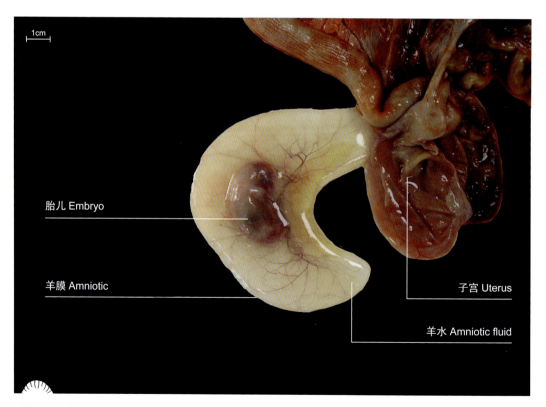

图6-15 妊娠穿山甲子宫结构（马来穿山甲）

（四）阴道

阴道是雌性穿山甲的交配器官和产道。阴道呈扁管状，位于骨盆腔内，在子宫后方，向后延接尿生殖前庭，背侧与直肠相邻，腹侧与膀胱及尿道相邻。

（五）尿生殖前庭

尿生殖前庭（Urogenital vestibulum）是交配器官和产道，也是尿液排出的经路。位于骨盆腔内，直肠的腹侧，其前接阴道，在前端腹侧壁上有一条横行黏膜褶称为阴瓣，可作为前庭与阴道的分界，后端以阴门与外界相通。

（六）阴门

阴门（Vulva）位于肛门腹侧（图6-16），穿山甲两阴唇间的裂缝称为阴门裂。阴唇上、下两端的联合，分别称为阴唇背侧联合和阴唇腹侧联合。在腹侧联合前方有一阴蒂窝，内有阴蒂。

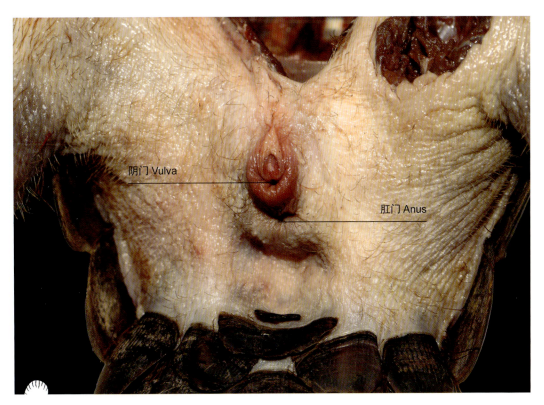

图6-16　阴门（中华穿山甲）

（七）乳房

乳房（Mamma，Uber，Mastos）由不同品种、数量各异的乳房复合体（乳区）组成，分布于躯干腹中线对称的两侧。每只乳房复合体均由含有一个乳房体（Corpus mammae）和一个乳头（Papilla mammae）的一个或多个乳腺单位组成。一般情况下，乳房的相对大小和长度有个体差异，在不同生长发育阶段（幼年期、泌乳期、休乳期）也不同。

穿山甲的乳头为针状乳头（图6-17），乳头的皮肤少毛。通常情况下，这层皮肤相对位于其下面的腺体组织是很容易移动的，只有在疾病发生时，皮肤才会与下面的组织紧紧地黏连在一起。穿山甲患乳房炎时会出现体温升高，可观察到明显的乳房肿胀（图6-18、图6-19）。

图6-17　乳房（中华穿山甲）

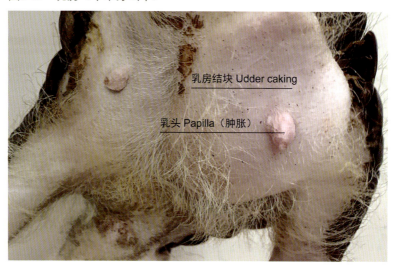

图6-18　乳腺炎（中华穿山甲）

乳汁是乳房的主要分泌物，为幼畜提供营养物质。穿山甲刚分娩后的乳汁（初乳）（图6-20），含有较高的抗体成分，使新生幼崽产生被动免疫。

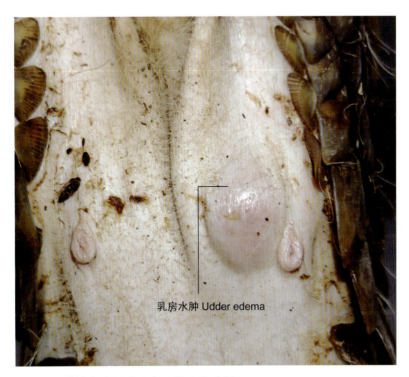

图6-19　雌性穿山甲乳腺炎（马来穿山甲）

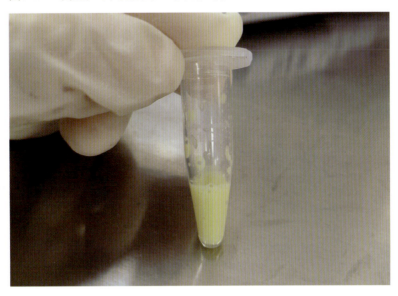

图6-20　穿山甲初乳（中华穿山甲）

参考文献

伯伊德, 2017. 犬猫临床解剖彩色图谱. 2版. 董军, 陈耀星, 译. 北京: 中国农业大学出版社.

陈耀星, 2013. 动物解剖学彩色图谱. 北京: 中国农业出版社.

龚明俊, 1990. 荣昌公猪生殖器官的解剖学观察. 畜牧兽医学报(01): 92-96.

郭策, 2021. 穿山甲身体形态计量学及鳞片编码系统的研究. 哈尔滨: 东北林业大学.

郭策, 逯金瑶, 李思源, 等, 2022. 马来穿山甲和中华穿山甲鳞片编码系统及鳞片差异性. 野生动物学报, 43(01): 24-31.

邝英杰, 2023. 中华穿山甲和马来穿山甲四肢骨骼形态差异及鉴别技术研究. 广州: 华南农业大学.

李宪堂, 2019. 实验动物功能性组织学图谱. 北京: 科学出版社.

柳苗苗, 郭亚军, 付德海, 等, 2022. 雄性牦牛和藏绵羊生殖器官的组织学观察. 实验室科学, 25(04): 8-11.

欧阳欢, 刘进辉, 苏建明, 等, 2020. 马来穿山甲气管和肺脏组织形态结构. 经济动物学报, 24(04): 206-210+216.

谭超, 刘进辉, 王水莲, 等, 2015. 中华穿山甲(*Manis pentadactyla*)肾脏的形态与组织结构. 经济动物学报, 19(01): 41-43.

吴诗宝, 刘迺发, 张迎梅, 等, 2004. 两种穿山甲外形量衡度的测定及比较. 兽类学报, 24(4): 4.

吴诗宝, 刘迺发, 张迎梅, 等, 2004. 中国穿山甲和马来穿山甲头骨量度的测定及比较. 兽类学报24(3): 211-214.

ADENIYI P A O. Morphometric analysis of tongue and dentition in hedgehogs and pangolins. Eur J Anat, 2010, 14(3): 149-152.

AKMAL Y, NOVELINA S, 2019. Morfologi Kelenjar Aksesori Kelamin Jantan pada Trenggiling (*Manis javanica*) (Morphology of The Male Sex Accessory Glands of The Pangolin (*Manis javanica*)). Jurnal Veteriner, 20(36): 38-47.

AN F Y, WANG K, WEI S C, et al., 2023. First case report of pustules associated with *Escherichia fergusonii* in the chinese pangolin (*Manis pentadactyla aurita*). BMC Veterinary Research, 19(1): 1-7.

AN F Y, YAN H M, XU X X, et al., 2023. Comparison of Venous Blood Gas and Biochemical Parameters in Sunda Pangolin (*Manis javanica*) and Chinese Pangolin (*Manis pentadactyla*) before and after Isoflurane Anesthesia. Animals, 13(7): 1162.

BLACKLOCK N J, BOUSKILL K, 1977. The zonal anatomy of the prostate in man and in the rhesus monkey (*Macaca mulatta*). Urol Res, 5(4): 163-167.

参考文献

BOZBIYIK C, KIRBAŞ DOĞAN G, 2023. Investigation of male genital system anatomy in the New Zealand rabbit (*Oryctolagus cuniculus* L.). Anat Histol Embryol, 52(3): 381-392.

CHANG Y C, YU J F, WANG T E, et al., 2020. Investigation of epididymal proteins and general sperm membrane characteristics of Formosan pangolin (*Manis pentadactyla pentadactyla*). BMC Zoology, 5(1): 1-10.

CHEN X, ULINTZ P J, SIMON E S, et al., 2008. Global topology analysis of pancreatic zymogen granule membrane proteins. Mol Cell Proteomics, 7(12): 2323-2336.

CHONG S M, HENG Y, YEONG C Y F. 2021. Pyelonephritis and Cystic Endometrial Hyperplasia in a Captive Sunda Pangolin (*Manis javanica*). Journal of Comparative Pathology, 184: 101-105.

CLEMENT P, GIULIANO F, 2015. Anatomy and physiology of genital organs-men. Handb Clin Neurol, 130: 19-37.

DORAN G A, ALLBROOK D B, 1973. The tongue and associated structures in two species of African pangolins, *Manis gigantea* and *Manis tricuspis*. Journal of Mammalogy, 54(4): 887-899.

GAUDIN T, EMRY R, MORRIS J, 2016. Skeletal Anatomy of the North American Pangolin Patriomanis americana (Mammalia, Pholidota) from the Latest Eocene of Wyoming (USA). Smithsonian Contributions to Paleobiology, 98: vii-102.

HEATH M E, 1992. *Manis pentadactyla*. The American Society of Mammalogist, 414: 1-6.

HOLTZ W, FOOTE R H, 1978. The anatomy of the reproductive system in male Dutch rabbits (*Oryctolagus cuniculus*) with special emphasis on the accessory sex glands. J Morphol, 158(1): 1-20.

HUA Y, WANG J, AN F Y, et al., 2020. Phylogenetic relationship of Chinese pangolin *(Manis pentadactyla aurita*) revealed by complete mitochondrial genome. Mitochondrial DNA Part B, 5: 3+2523-2524.

IMAM A, AJAO M S, BHAGWANDIN A, et al., 2017. The brain of the tree pangolin (*Manis tricuspis*). I. General appearance of the central nervous system. Journal of Comparative Neurology, 525(11): 2571-2582.

IRSHAD N, MAHMOOD T, NADEEM M S, 2016. Morpho-anatomical characteristics of Indian pangolin (*Manis crassicaudata*) from Potohar Plateau, Pakistan. Mammalia, 80: 103-110.

KAWASHIMA T, THORINGTON JR R W, BOHASKA P W, et al., 2015. Anatomy of shoulder girdle muscle modifications and walking adaptation in the scaly Chinese pangolin (*Manis pentadactyla pentadactyla*: Pholidota) compared with the partially osteodcrm-clad armadillos

(Dasypodidae). The Anatomical Record, 298(7): 1217-1236.

KLEISNER K, IVELL R, FLEGR J, 2010. The evolutionary history of testicular externalization and the origin of the scrotum. J Biosci, 35(1): 27-37.

LILIA K, ROSNINA Y, ABD WAHID H, et al., 2010. Gross anatomy and ultrasonographic images of the reproductive system of the Malayan tapir (*Tapirus indicus*). Anat Histol Embryol, 39(6): 569-575.

LIM N T, NG P K, 2008. Home range, activity cycle and natal den usage of a female Sunda pangolin *Manis javanica* (Mammalia: Pholidota) in Singapore. Endangered Species Research, 4(1-2): 233-240.

LIN M F, CHANG C Y, YANG C W, et al., 2015. Aspects of digestive anatomy, feed intake and digestion in the Chinese pangolin (*Manis pentadactyla*) at Taipei zoo. Zoo biology, 34(3): 262-270.

MAHADEVAN V, 2020. Anatomy of the gallbladder and bile ducts. Surgery (Oxford), 38(8): 432-436.

MAHMOOD T, IRSHAD N, HUSSAIN R, et al., 2016. Breeding habits of the Indian pangolin (*Manis crassicaudata*) in Potohar Plateau, Pakistan. Mammalia, 80(2): 231-234.

MIN Y, WU S, ZHANG F, et al., 2020. The stomach morphology and contents of the Chinese Pangolin (*Manis pentadactyla*). Journal of Zoo Biology, 3(1): 13-20.

MOLLINEAU W, ADOGWA A, JASPER N, et al., 2006. The gross anatomy of the male reproductive system of a neotropical rodent: the agouti (*Dasyprota leporina*). Anat Histol Embryol, 35(1): 47-52.

NISA' C, AGUNGPRIYONO S, KITAMURA N, et al., 2010. Morphological features of the stomach of Malayan pangolin, *Manis javanica*. Anatomia Histologia Embryologia, 39(5): 432-439.

PERERA P, ALGEWATTA H R, KARAWITA H, 2020. Protocols for recording morphometric measurement of Indian Pangolin (*Manis crassicaudata*). MethodsX, 7: 101020.

PETERSEN A, ÅKESSON M, AXNER E, et al., 2021. Characteristics of reproductive organs and estimates of reproductive potential in Scandinavian male grey wolves (*Canis lupus*). Anim Reprod Sci, 226: 106693.

PHILIPPE G, AGOSTINHO A, 2005. Assessing the taxonomic status of the palawan pangolin *Manis culionensis* (pholidota) using discrete morphological characters. Journal of Mammalogy(6): 1068-1074.

POCOCK R I, 2009. The External Characters of: the Pangolins (Manid). Journal of Zoology, 94(3): 707-723.

PONGCHAIRERK U, KASORNDORKBUA C, PONGKET P, et al., 2008. Comparative histology of the malayan pangolin kidneys in normal and dehydration condition. Agriculture and Natural Resources, 42(5): 83-87.

PRAPONG T, LIUMSIRICHAROEN M, CHUNGSAMARNYART N, et al., 2009. Macroscopic and microscopic anatomy of pangolinûs tongue (*Manis javanica*). Kasetsart veterinarians, 19(1): 9-19.

SHAFIK A, DOSS S, ALI YA, et al., 2001. Transverse folds of rectum: anatomic study and clinical implications. Clin Anat, 14(3): 196-203.

STEYN C, SOLEY J T, CROLE M R, 2018. Osteology and radiological anatomy of the thoracic limbs of Temminck's ground pangolin (*Smutsia temminckii*). The Anatomical Record, 301(4): 624-635.

SUN N C M, SOMPUD J, PEI K J C, 2018. Nursing period, behavior development, and growth pattern of a newborn Formosan pangolin (*Manis pentadactyla pentadactyla*) in the wild. Tropical Conservation Science, 11: 1-6.

VIEIRA K R A, WEBER H A, DE SANT'ANA F J F, et al., 2023. Male genital organs of the black-crowned dwarf marmoset (*Callibella humilis*). Anat Histol Embryol, 52(2): 163-171.

WOJICK K B, LANGAN J N, TERIO K A, et al., 2018. Anatomy, histology, and diagnostic imaging of the reproductive tract of male aardvark (*Orycteropus afer*). J Zoo Wildl Med, 49(3): 648-655.

YAN D, ZENG X, JIA M, et al., 2021. Successful captive breeding of a Malayan pangolin population to the third filial generation. Communications Biology, 4(1): 1-8.

YAN D, ZENG X, JIA M, et al., 2022. Weaning period and growth patterns of captive Sunda pangolin (*Manis javanica*) cubs. PLOS ONE, 17(9): e0272020.

ZDILLA M J, 2021. The pudendum and the perversion of anatomical terminology. Clin Anat, 34(5): 721-725.

ZHANG F, WU S, YANG L, et al., 2015. Reproductive parameters of the Sunda pangolin, *Manis javanica*. Folia Zoologica, 64(2): 129-135.

ZHANG L N, WANG K, AN F Y, et al., 2022. Fatal canine parvovirus type 2a and 2c infections in wild Chinese pangolins (*Manis pentadactyla*) in southern China, Transboundary and Emerging Diseases. 69(6): 4002-4008.

ZHOU Z M, ZHAO H, ZHANG Z X, et al., 2012. Allometry of scales in Chinese pangolins (*Manis pentadactyla*) and Malayan pangolins (*Manis javanica*) and application in judicial expertise. Zoological Research, 33(3): 271.